国家电网
STATE GRID

配电网调控实用技术问答

国家电力调度控制中心　编

中国电力出版社
CHINA ELECTRIC POWER PRESS

内 容 提 要

本书由国家电力调度控制中心组织编写，旨在提高各级调控系统人员配电网调度运行理论水平和操作技能。本书包含配电网基础知识、配电网调控运行管理、配电网方式计划管理、配电网运行操作、配电网自动化、继电保护配置、故障处置、配网抢修指挥、分布式电源接入、配电网发展趋势十章，每章又分为基础篇和提高篇两大部分。

本书是 2016 年配电网调控专业调考用书，可作为国家电网公司各级调控机构配电网调控运行和管理专业人员学习、培训的参考资料。

图书在版编目（CIP）数据

配电网调控实用技术问答 / 国家电力调度控制中心编. —北京：中国电力出版社，2016.4（2024. 8 重印）

ISBN 978-7-5123-9082-9

Ⅰ. ①配…　Ⅱ. ①国…　Ⅲ. ①配电系统–电力系统调度–问题解答　Ⅳ. ①TM73-44

中国版本图书馆 CIP 数据核字（2016）第 050957 号

中国电力出版社出版、发行

（北京市东城区北京站西街 19 号　100005　http://www.cepp.sgcc.com.cn）

北京天泽润科贸有限公司印刷

各地新华书店经售

*

2016 年 4 月第一版　　2024 年 8 月北京第四次印刷

787 毫米×1092 毫米　16 开本　11.75 印张　248 千字

印数 26501—27000 册　　定价 **68.00** 元

评审委员会

编写委员会

前 言

配电网是国民经济和社会发展的重要公共基础设施，是联系电网企业和电力用户的纽带。国家电网公司高度重视配电网的建设改造，“十二五”期间，国家电网公司110kV及以下配电网投资占电网基建投资的52%，配电网供电能力和质量显著提升。“三集五大”体系建设以来，国家电网公司各级调控机构全面推进“大运行”体系建设，从调控一体化、调度一体化、地县一体化、配网抢修指挥业务以及技术支撑系统建设5个方面完善优化调控专业管理体制机制，持续推进配电网调度管理标准化、规范化、专业化以及精益化建设，配电网调度运行及管理水平显著增强。

为深化提升“大运行”体系全面建设，提高各级调控系统人员配电网调度运行理论水平和操作技能，国家电力调度控制中心组织编写了《配电网调控实用技术问答》。本书包含配电网调度理论知识和实践技术，分为配电网基础知识、配电网调控运行管理、配电网方式计划管理、配电网运行操作、配电网自动化、继电保护配置、故障处置、配网抢修指挥、分布式电源接入、配电网发展趋势十章，每章又分为基础篇和提高篇两大部分，涵括了配电网调控运行的各方面。

本书参考了现行的国家标准、行业标准和企业标准，以及其他配电网相关资料，若各类标准有变更的，以新标准为准。

本书可作为国家电网公司各级调控机构配电网调控运行和管理专业人员的学习和培训参考资料。

本书涉及内容广泛，加之编写时间和水平有限，书中难免存在不妥或疏漏之处，恳请读者批评指正。

编 者

2016年4月

目 录

第二章 配电网调控运行管理

第三章 配电网方式计划管理

第四章 配电网运行操作

第六章　继电保护配置

第七章　故障处置

第八章　配网抢修指挥

第十章　配电网发展趋势

第一章　配电网基础知识

（一）基础篇

1. 什么是电能？

答：电能是指使用电以各种形式做功（即产生能量）的能力。电能被广泛应用于动力、照明、化学、纺织、通信、广播等各个领域，是科学技术发展、国民经济飞跃的主要动力。

2. 动力系统和电力系统如何定义？

答：动力系统是指由发电厂的动力部分（如火力发电的锅炉、汽轮机，水力发电的水轮机和水库，核力发电的核反应堆和汽轮机等）以及发电、输电、变电、配电、用电组成的整体。

电力系统是指由发电、输电、变电、配电和用电等环节组成的整体，它是动力系统的一部分。

3. 什么是电力网？如何划分输电网和配电网？

答：电力网是指电力系统中输送、变换和分配电能的部分，包括升、降压变压器和各种电压等级的输电线路，是电力系统的一部分。电力网按其在电力系统的作用不同分为输电网和配电网。

输电网是指以输电线路将发电厂、变电站连接起来的输电网络，是电力网中的主干网络。配电网是指从电源侧（输电网和发电设施）接受电能，并通过配电设施就地或逐级分配给各类用户的电力网络。

4. 配电网有哪些特点？

答：（1）供电线路长，分布面积广。

（2）发展速度快，用户对供电质量要求高。

（3）对经济发展较好地区配电网设计标准要求高，供电可靠性要求较高。

（4）负荷季节性强。

（5）接线较复杂，必须保证调度灵活性、运行供电连续性和经济性。

（6）随着配电网自动化水平的提高，对供电管理水平的要求越来越高。

（7）对于有分布式电源接入的配电网，其网络结构也随之发生变化。

5. 配电网的基本要求有哪些？

答：配电网的基本要求主要是供电的连续性、可靠性、合格的电能质量和运行的经济性等。配电网应具有必备的容量裕度、适当的负荷转移能力、一定的自愈能力和应急处理能力以及合理的分布式电源接纳能力。

6. 配电网如何分类？

答：配电网按电压等级的不同，可分为高压配电网（110、66、35kV）、中压配电网（20、10、6kV）和低压配电网（380/220V）；按供电地域特点不同或服务对象不同，可分为城市配电网和农村配电网；按配电线路的不同，可分为架空配电网、电缆配电网以及架空电缆混合配电网。

7. 什么是高压配电网？有何功能特点？

答：高压配电网是指由高压配电线路和相应等级的配电变电站组成的向用户提供电能的配电网。其功能是从上一级电源接受电能后，直接向高压用户供电，或通过变压器为下一级中压配电网提供电源。高压配电网具有容量大、负荷重、负荷节点少、供电可靠性要求高等特点。

8. 什么是中压配电网？有何功能特点？

答：中压配电网是指由中压配电线路和配电变电站组成的向用户提供电能的配电网。其功能是从电源侧（输电网、高压配电网或分布式电源）接受电能，向中压用户供电，或通过配电变压器为下一级低压配电网提供电源。中压配电网具有供电面广、容量大、配电点多等特点。

9. 什么是低压配电网？有何功能特点？

答：低压配电网是指由低压配电线路及其附属电气设备组成的向用户提供电能的配电网。其功能主要是以中压配电网的配电变压器为电源，将电能通过低压配电线路直接送给用户。低压配电网具有供电距离较近，电源点较多，供电容量不大，但分布面广等特点。

10. 配电网中性点接地方式有哪几种?

答：配电网中性点接地方式有中性点直接接地方式（包括中性点经小电阻接地方式）和中性点不接地方式（包括中性点经消弧线圈接地方式）两种。

11. 配电网大接地电流系统和小接地电流系统如何定义？

答：中性点直接接地系统（包括中性点经小电阻接地系统），发生单相接地故障时，接地短路电流很大，这种系统称为大接地电流系统。中性点不接地系统（包括中性点经消弧线圈接地系统），发生单相接地故障时，由于不构成短路回路，接地故障电流往往比负荷电流小得多，这种系统称为小接地电流系统。

12. 配电网大接地电流系统和小接地电流系统的划分标准是什么？

答： 划分标准为：$X_0/X_1 \leqslant 4 \sim 5$ 的系统属于大接地电流系统，$X_0/X_1 > 4 \sim 5$ 的系统属于小接地电流系统（X_0 为系统零序电抗，X_1 为系统正序电抗）。

13. 配电网大接地电流系统和小接地电流系统各有何特点？

答： 大接地电流系统供电可靠性低。这种系统中发生单相接地故障时，出现了除中性点外的另一个接地点，构成了短路回路，接地相电流很大，为了防止损坏设备，必须迅速切除接地相甚至三相。小接地电流系统供电可靠性高，但对绝缘水平的要求也高。因这种系统中发生单相接地故障时，不构成短路回路，接地相电流不大，不必立即切除接地相，但这时非接地相的对地电压却升高为相电压的 $\sqrt{3}$ 倍。在电压等级较高的系统中，绝缘费用在设备总价格中占相当大比重，降低绝缘水平带来的经济效益非常显著，一般就采用中性点直接接地方式，而以其他措施提高供电可靠性。反之，在电压等级较低的系统中，一般采用中性点不接地方式以提高供电可靠性。

14. 配电网大接地电流系统和小接地电流系统分别适用何种电压等级？

答： 110kV 及以上的系统采用中性点直接接地方式，即大电流接地系统常用于 110kV 及以上电压等级；110kV 以下系统采用中性点不直接接地方式，即小电流接地系统常用于 110kV 以下电压等级。

15. 什么是电力负荷？一般分为几级？

答： 电力负荷是指电力系统中所有用电设备所耗用的功率，简称负荷。电力系统的总负荷就是系统中所有用电设备消耗总功率的总和。把电力负荷与供电可靠性的要求相结合，以及中断供电后将会对政治、经济及社会生活所造成损失或影响的程度进行区分，分为一级负荷、二级负荷和三级负荷三类。

16. 什么是配电网一级、二级、三级负荷？

答： 一级负荷是指突然停电将会造成人身伤亡，在经济上造成重大损失，在政治上造成重大不良影响、公共秩序严重混乱，或环境严重污染的这类负荷。如重要交通和通信枢纽用电负荷、重点企业中的重大设备和连续生产线、政治和外事活动中心等。

二级负荷是指突然停电将在经济上造成较大损失、在政治上造成不良影响，或公共秩序混乱的这类负荷。如突然停电将造成主要设备损坏、大量产品报废、造成环境污染、大量减产的工厂用电负荷，交通和通信枢纽用电负荷，大量人员集中的公共场所等。

三级负荷是指不属于一级和二级的其他用电负荷。如附属企业、附属车间和某些非生产性场所中不重要的用电负荷等。

17. 配电网一级、二级、三级负荷的一般供电要求有哪些？

答： 一级负荷应由两路电源供电。供同一用户的两路电源不应该是同杆双回路架设，也不能出自同一电源的同一条母线，当其中一路电源中断供电时，另一路电源应该能满足全部负荷的供电需要。一级负荷中的特别重要负荷必须增设自备应急电源，也可以由第三路电源供电作为备用电源。所有装设自备应急电源的用户，供电部门都应该有详细的记录。

二级负荷宜由两路电源供电，当其中一路电源中断供电时，另一路电源应该能满足全部或部分负荷的供电需要。用户也可以增设自备应急电源或其他应急措施。所有装设自备应急电源的用户，供电部门都应该有详细的记录。

三级负荷一般只有一路电源供电，视需要可以自备应急电源。所有装设自备应急电源的用户，供电部门都应该有详细的记录。

18. 电力负荷一般分为哪几类？

答：电力负荷一般分为同步电动机负荷，异步电动机负荷，电炉、电热负荷，整流负荷，照明用电负荷，网络损耗负荷等类型。

19. 什么是配电网电力用户的双电源？

答：配电网电力用户的双电源是指分别来自两个不同的上级变电站，或来自不同电源进线的同一上级变电站内两段母线，为同一电力用户供电的两路供电电源。

20. 配电网“放射式”接线形式有何优缺点？典型结构有哪些？

答：架空线路“放射式”接线形式的优点有结构简单，维护方便，投资小。其缺点主要有故障影响范围较大，供电可靠性较差，不具备负荷转移能力。

电缆线路“放射式”接线形式的优点有配电线路较短，投资较大，新增负荷时接入也比较方便，供电可靠性相对于架空线路较高。其缺点主要有电缆故障多为永久性故障，故障影响时间长、范围较大。

配电网“放射式”接线形式的典型结构有架空线路“单辐射”结构，电缆线路“单射式”“双射式”“对射式”结构，如图 1.1～图 1.4 所示。

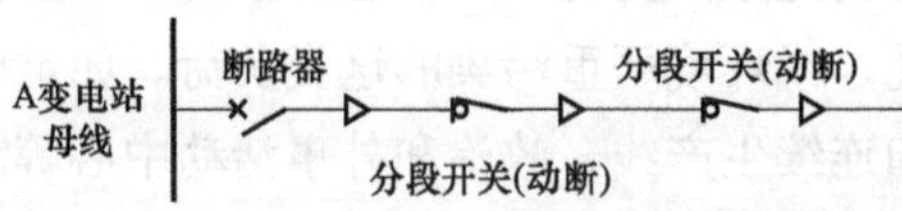

图 1.1　架空线路“单辐射”结构

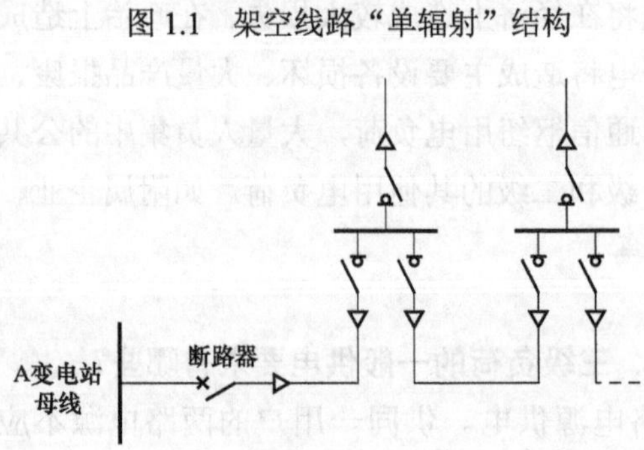

图 1.2　电缆线路“单射式”结构

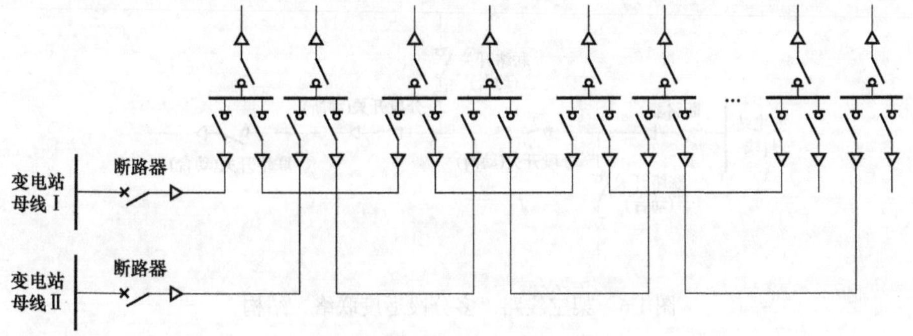

图 1.3　电缆线路“双射式”结构

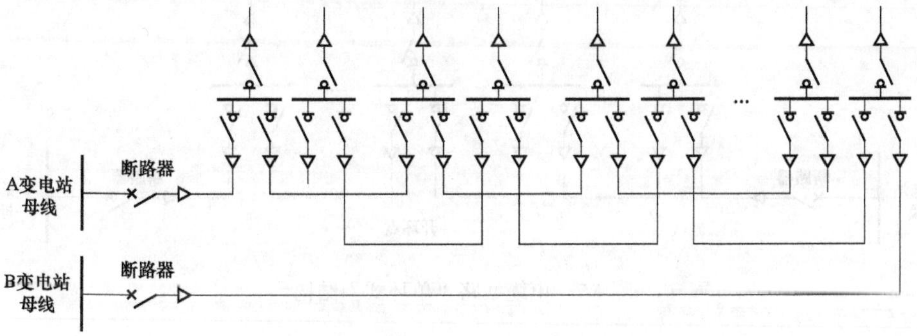

图 1.4　电缆线路“对射式”结构

21. 配电网“环网式”接线形式有何特点？典型结构有哪些？

答：架空线路“环网式”接线形式的特点：结构清晰，运行较为灵活，可靠性较高，具有一定的负荷转移功能。正常运行时，每条线路最大负荷一般为该线路允许载流量的 1/2，线路投资将比单电源“放射式”接线有所增加。主要适用于电网建设阶段架空线路网络接线模式，具有一定的供电可靠性。

电缆线路“环网式”接线形式的特点：结构清晰，接线方式灵活，适应性强，供电可靠性较高，便于配电网分区分片、形成明确的供电分区，并且能满足双电源用户的供电需求。主要适用于城市核心区、繁华地区，负荷密度发展到相对较高水平，而且存在较多双电源客户的区域。

配电网“环网式”接线形式的典型结构有架空线路“单联络”“多分段适度联络”结构，电缆线路“单环式”“双环式”“N 供一备（$N \geqslant 2$）”结构，如图 1.5～图 1.9 所示。

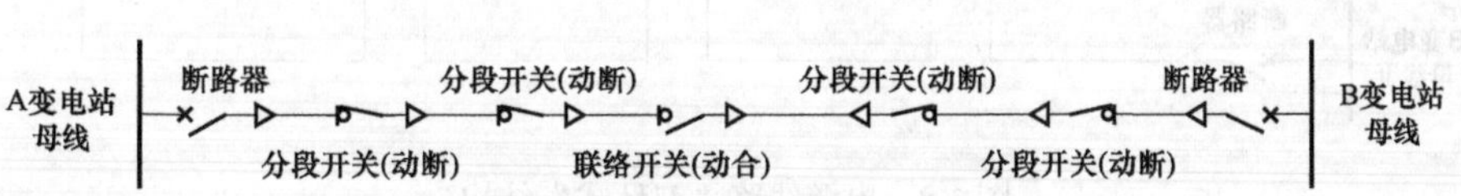

图 1.5　架空线路“单联络”结构

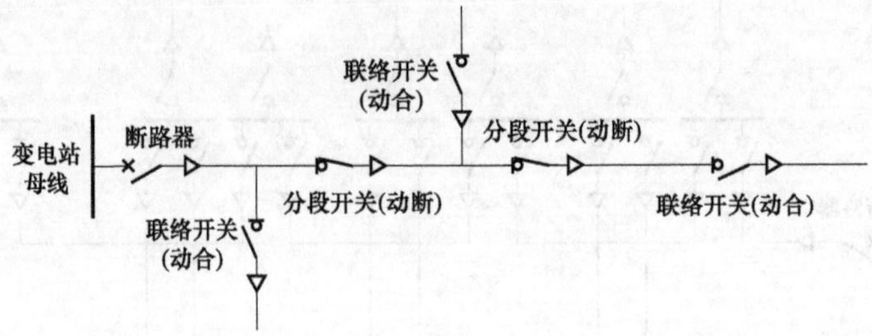

图 1.6　架空线路“多分段适度联络”结构

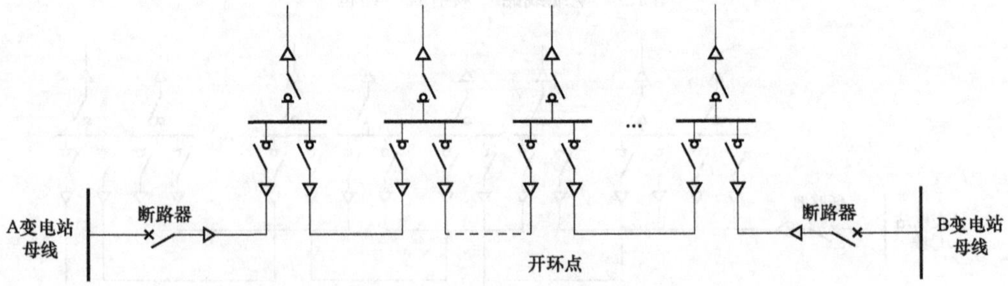

图 1.7　电缆线路“单环式”结构

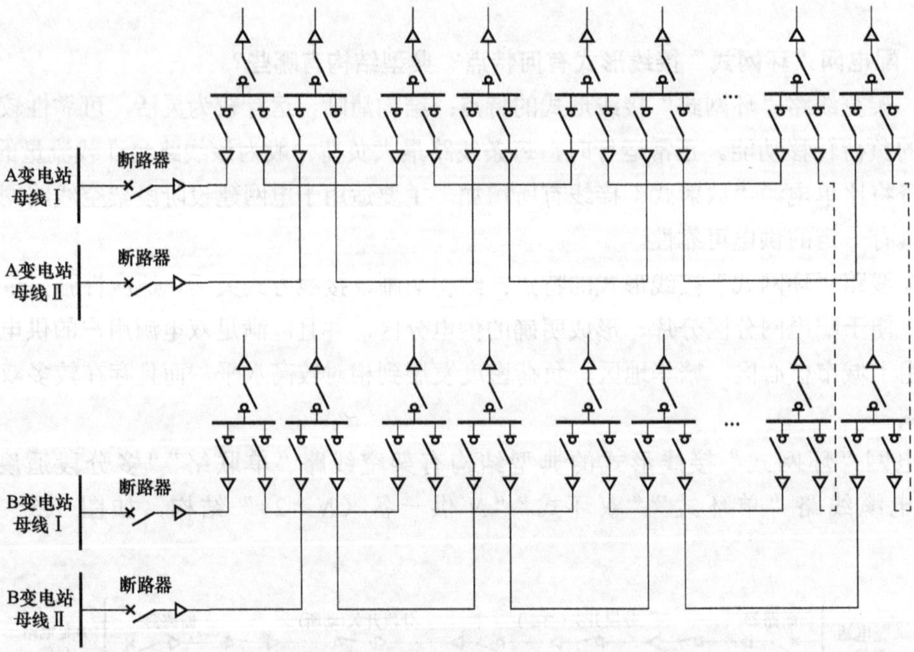

图 1.8　电缆线路“双环式”结构

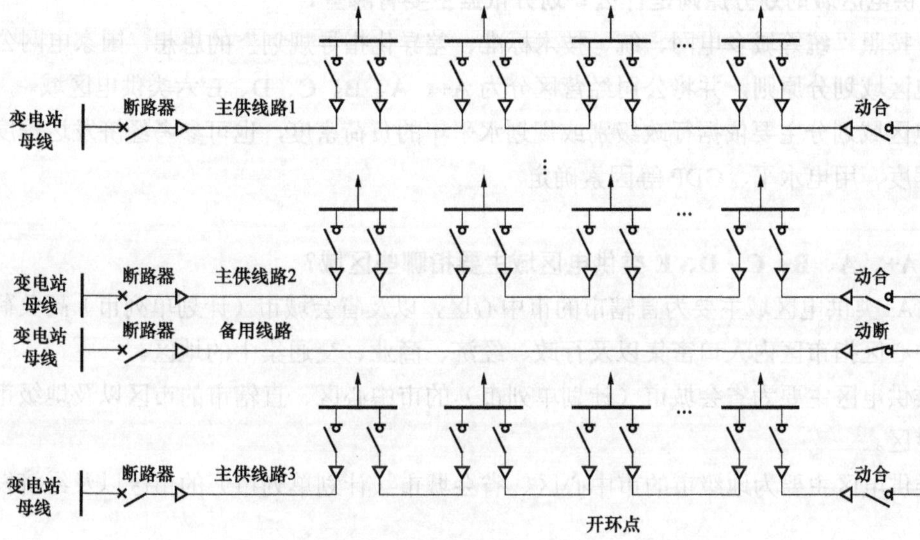

图 1.9 电缆线路“N 供一备（N≥2）”结构

22. 低压配电网主要有哪几种接线方式？低压配电网的接线结构有何特点？

答：低压配电网主要有三相四线制和三相三线制两种接线方式。

低压配电网由 380/220V 架空线路或电缆线路构成，实行分区供电，结构简单、安全可靠，通常采用放射式结构，直接给沿线用户供电。

23. 配电网网架结构的发展历程是怎样的？

答：配电网建设初期多为“放射式”接线形式，结构简单，维护方便，投资小，建设速度快，新增负荷时接入也比较方便。随着电力用户的不断接入，对供电可靠性要求越来越高，配电网中后期逐渐发展为“环网式”接线形式，接线方式灵活，适应性强，供电可靠性较高，便于配电网分区分片，形成明确的供电分区，并且能满足双电源用户的供电需求。配电网网架建设过程中出现了“单联络”“单环式”“双射式”“对射式”等典型过渡结构。如图 1.10 和图 1.11 所示。

图 1.10 架空网架的过渡结构

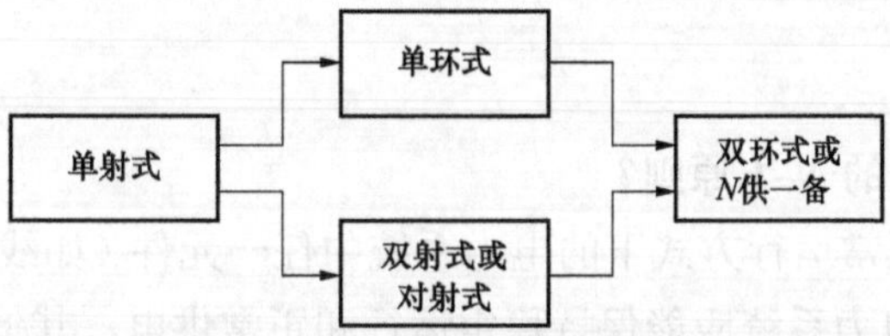

图 1.11 电缆网架的过渡结构

24. 供电区域的划分原则是什么？划分依据主要有哪些？

答：按照“统筹城乡电网、统一技术标准、差异化指导规划”的思想，国家电网公司明确了供电区域划分原则，并将公司经营区分为A+、A、B、C、D、E六类供电区域。

供电区域划分主要依据行政级别或规划水平年的负荷密度，也可参考经济发达程度、用户重要程度、用电水平、GDP等因素确定。

25. A+、A、B、C、D、E类供电区域主要指哪些区域？

答：A+类供电区域主要为直辖市的市中心区，以及省会城市（计划单列市）高负荷密度区。市中心区指市区内人口密集以及行政、经济、商业、交通集中的地区。

A类供电区主要为省会城市（计划单列市）的市中心区、直辖市的市区以及地级市的高负荷密度区。

B类供电区主要为地级市的市中心区、省会城市（计划单列市）的市区以及经济发达县的县城。

C类供电区主要为县城、地级市的市区以及经济发达的中心城镇。

D类供电区主要为县城、城镇以外的乡村、农林场。

E类供电区主要为人烟稀少的农牧区。

26. A+、A、B、C、D、E类供电区域的配电网结构应满足哪些基本要求？

答：A+、A、B、C类供电区域的配电网结构应满足以下基本要求：

（1）正常运行时，各变电站应有相互独立的供电区域，供电区不交叉、不重叠，故障或检修时，变电站之间应有一定比例的负荷转供能力。

（2）在同一供电区域内，变电站中压出线长度及所带负荷宜均衡，应有合理的分段和联络；故障或检修时，中压线路应具有转供非停运段负荷的能力。

（3）接入一定容量的分布式电源时，应合理选择接入点，控制短路电流及电压水平。

（4）高可靠性的配电网结构应具备网络重构能力，便于实现故障自动隔离。

D、E类供电区域的配电网以满足基本用电需求为主，可采用辐射状结构。

27. 10kV线路供电半径应满足什么要求？

答：10kV线路供电半径应满足末端电压质量的要求。原则上A+、A、B类供电区域供电半径不宜超过3km；C类不宜超过5km；D类不宜超过15km；E类供电区域供电半径应根据需要经计算确定。

28. 什么是电网运行的*N*–1原则？

答：*N*–1原则是指正常运行方式下的电力系统中任一元件（如线路、发电机、变压器等）无故障或因故障断开，电力系统应能保持稳定运行和正常供电，其他元件不过负荷，电压和频率均在允许范围内。

29. 配电网的安全技术要求有哪些？

答：（1）保证持续供电。

（2）及时发现配电网的非正常运行情况和设备存在的缺陷情况。

（3）迅速隔离故障、最大限度地缩小停电范围，满足灵活供电需要。

30. 配电网的供电安全水平要求有哪些？如何分级？

答：不同电压等级配电网单一元件故障停运后，允许损失负荷的大小及恢复供电的时间应符合配电网供电安全相关要求。配电网供电安全标准的一般原则为接入的负荷规模越大、停电损失越大，其供电可靠性要求越高、恢复供电时间要求越短。

根据组负荷（用户组的最大负荷）规模的大小，配电网的供电安全水平可分为第一级、第二级、第三级三个等级。

31. 配电网的第一级供电安全水平有何要求？

答：对于停电范围不大于 2MW 的组负荷，允许故障修复后恢复供电，恢复供电的时间与故障修复时间相同。

该级停电故障主要涉及低压线路故障、配电变压器故障，或采用特殊安保设计（如分段及联络开关均采用断路器，且全线采用纵差保护等）的中压线段故障。停电范围仅限于低压线路、配电变压器故障所影响的负荷或特殊安保设计的中压线段，中压线路的其他线段不允许停电。

该级标准要求单台配电变压器所带的负荷不宜超过 2MW，或采用特殊安保设计的中压线段上的负荷不宜超过 2MW。

32. 配电网的第二级供电安全水平有何要求？

答：对于停电范围在 2～12MW 的组负荷，其中不少于组负荷减 2MW 的负荷应在 3h 内恢复供电；余下的负荷允许故障修复后恢复供电，恢复供电的时间与故障修复时间相同。

该级停电故障主要涉及中压线路故障，停电范围仅限于故障线路上的负荷，而该中压线路的非故障段应在 3h 内恢复供电，故障段所带负荷应小于 2MW，可在故障修复后恢复供电。

A+类供电区域的故障线路的非故障段应在 5min 内恢复供电，A 类供电区域的故障线路的非故障段应在 15min 内恢复供电，B、C 类供电区域的故障线路的非故障段应在 3h 内恢复供电。

该级标准要求中压线路应合理分段，每段上的负荷不宜超过 2MW，且线路之间应建立适当的联络。

33. 配电网的第三级供电安全水平有何要求？

答：对于停电范围在 12～180MW 的组负荷，其中不少于组负荷减 12MW 的负荷或者不少于三分之二的组负荷（两者取小值）应在 15min 内恢复供电，余下的负荷应在 3h 内恢复供电。

该级停电故障主要涉及变电站的高压进线或主变压器，停电范围仅限于故障变电站所带的负荷，其中大部分负荷应在15min内恢复供电，其他负荷应在3h内恢复供电。

A+、A类供电区域故障变电站所带的负荷应在15min内恢复供电；B、C类供电区域故障变电站所带的负荷，其大部分负荷（不小于三分之二）应在15min内恢复供电，其余负荷应在3h内恢复供电。

该级标准要求变电站的中压线路之间宜建立站间联络，变电站主变压器及高压线路可按*N*–1原则配置。

34. 保证配电网的供电安全水平的措施有哪些？

答：为了满足配电网的三级供电安全标准，应从电网结构、设备安全裕度、配电自动化等方面考虑，还可通过应用地理信息系统、95598系统等方式，缩短故障响应和抢修时间。高压配电网可采用*N*–1原则配置主变压器和高压线路；中压配电网可采取线路合理分段、适度联络，以及配电自动化、不间断电源、备用电源、不停电作业等技术手段；低压配电网（含配电变压器）可采用双配电变压器配置或移动式配电变压器的方式。

35. 衡量电能质量的指标主要有哪些？

答：衡量电能质量的指标通常是电压、频率和波形，在配电网中电压和波形显得尤为重要。

36. 110、35、10kV和380/220V电压等级的供电电压允许偏差值分别是多少？

答：110kV供电电压正负偏差的绝对值之和不超过标称电压的10%。

35kV供电电压正负偏差的绝对值之和不超过标称电压的10%。

10kV供电电压允许偏差为标称电压的±7%。

380/220V供电电压允许偏差为标称电压的–10%～+7%。

37. 影响配电网电压的主要因素有哪些？

答：配电网电压是由配电网潮流分布决定的，影响配电网电压的主要因素有：

（1）由于生产、生活、气象等因素引起的负荷变化。

（2）无功补偿容量的变化。

（3）配电网运行方式的改变引起的功率分布和网络阻抗变化。

38. 配电网的电压调节方式主要有哪些？

答：配电网应有足够的电压调节能力，将电压维持在规定范围内，主要有下列方式：

（1）通过配置无功补偿装置进行电压调节。

（2）选用有载或无载调压变压器，通过改变分接头进行电压调节。

（3）通过线路调压器进行电压调节。

39. 高次谐波有哪些危害？如何抑制高次谐波？

答：三相电压和三相电流的波形应该是对称的正弦波形。但高频负荷、冲击负荷和可控硅整流装置的不断出现使得波形畸变产生高次谐波，使电气设备过热、振动，引起系统谐振，使谐波电压升高，谐波电流增大，使电子设备和继电保护、自动装置误动，引发系统事故；还可能引起对通信设备的干扰；同时增加了附加损耗，降低了电气设备的效率和利用率。在产生高次谐波含量较大的负荷点装设电力滤波器是抑制高次谐波流入电网而造成危害的一个重要措施。

40. 什么是导线？常见配电线路的导线种类有哪些？

答：导线用以传导电流、输送电能，它通过绝缘子串长期悬挂在杆塔上。配电线路的导线包括常用裸导线和绝缘导线，常用裸导线包括裸铝导线、裸铜导线、钢芯铝绞线、镀锌钢绞线、铝合金绞线五种。

41. 架空绝缘配电线路适用于何种区域？如何分类？

答：架空绝缘配电线路适用于城市人口密集地区，线路走廊狭窄、架设裸导线线路与建筑物的间距不能满足安全要求的地区，以及风景绿化区、林带区和污秽严重的地区等。架空绝缘配电线路按电压等级可分为中压绝缘导线、低压绝缘导线；按架设方式可分为分相架设、集束架设。

42. 架空绝缘导线主要采取的防雷措施是什么？

答：① 安装架空地线；② 安装防雷绝缘子；③ 安装放电线夹；④ 安装线路过电压保护器；⑤ 延长闪络路径；⑥ 局部剥离导线绝缘。

43. 架空裸导线主要采取的防雷措施是什么？

答：① 安装避雷线；② 安装避雷器；③ 改善配电网杆塔和防雷装置的接地条件；④ 电容电流大于 10A 的电网安装自动跟踪补偿消弧装置。

44. 什么是电力电缆？

答：电力电缆是指外包绝缘的交合导线，有的还包金属外皮并加以接地。电力电缆的基本结构一般由导体、绝缘层、防护层三部分组成，6kV 及以上电缆导体外和绝缘层外还增加了屏蔽层（导体和绝缘层之间的屏蔽层，称为内屏蔽层；绝缘层和护层之间的屏蔽层，称为外屏蔽层，内外屏蔽层位置不同，作用也不同）。

45. 电力电缆如何分类？

答：电力电缆按电压等级可分为低压、中压、高压、超高压和特高压电缆五种；按安装电缆芯线的数量不同，可分为单芯电缆和多芯电缆两种；按电缆的绝缘材料不同，可分为油浸纸绝缘电缆、塑料绝缘电缆和橡皮绝缘电缆三种。

46. 电力电缆的敷设方式有哪些？有何优缺点？

答：电力电缆的敷设方式有直埋敷设、排管敷设、电缆沟敷设三种。

（1）直埋敷设的优点是：电缆敷设后本体与空气不接触，防火性能好，有利于电缆散热；容易实施，投资少。缺点是：抗外力破坏能力差；电缆敷设后如进行更换，难度较大。

（2）排管敷设的优点是：受外力破坏影响少，占地小，能承受较大的荷重，电缆敷设无相互影响，施工简单。缺点是：土建成本高，不能直接转弯，散热条件差。

（3）电缆沟敷设的优点：检修、更换电缆较方便，灵活多样，转弯方便，可根据地坪高程变化调整电缆敷设高程。缺点是：施工检查及更换电缆时须搬运大量盖板，施工时外物不慎落入沟时易将电缆碰伤。

47. 35kV及以下电压等级电缆线路主要采取的防雷措施是什么？

答：对于35kV及以下电压等级的电力电缆，基本上应采取在电缆终端头附近安装避雷器，同时终端头金属屏蔽、铠装必须接地良好。

48. 配电网配电设备一般有哪些？

答：配电网配电设备主要有配电变压器，测量设备（电压互感器、电流互感器），开断设备（断路器、负荷开关、熔断器、隔离开关、重合器、分段器），防雷与接地装置，无功补偿装置，成套配电装置（开关站、环网单元、箱变、电缆分接箱），新型设备（多功能防雷器、无线遥控跌落式熔断器、高压分界真空断路器）。

49. 什么是环网单元？有何用途？

答：环网单元也称环网柜或开闭器，用于中压电缆线路分段、联络及分接负荷。设备选用气体绝缘环网柜（共箱式）和固体绝缘环网柜。适用于电缆走廊紧张区域公用配电站和小容量10kV供电客户的前置环网，以减少多回路放射电缆，节约路径资源和电缆工程投资；适宜地势狭小、选址困难区域。

50. 什么是开关站？有何用途？

答：开关站又称开闭所，是城市配电网的重要组成部分。它的主要作用是加强配电网的联络控制，提高配电网供电的灵活性和可靠性，是电缆线路的联络和支线节点，同时还具备变电站母线的延伸作用。在不改变电压等级的情况下，对电能进行二次分配，为周围的用户提供供电电源。

51. 什么是配电室？有何用途？

答：配电室主要为低压用户配送电能，设有中压进线（可有少量出线）、配电变压器和低压配电装置，带有低压负荷的户内配电场所。配电室是最后一级变压场所，通常将电网电压从10kV（20kV）降低到400V，为局部供应电力。

52. 什么是箱式变电站？有何用途？

答：箱式变电站是指将高低压开关设备和变压器共同安装于一个封闭箱体内的户外配电装置。主要作用就是为高压或低压用户提供所需电能。

53. 配电站所主要采取的防雷措施是什么？

答：配电站所（包括环网单元、开关站、配电室、箱式变电站）为防止侵入雷电波，应在每一路进（出）线及每一段母线上安装避雷器。具有电缆进（出）线段的架空线路，应在架空线路与电缆终端盒接续处，装设避雷器并作集中接地装置。避雷器的接地线还应和电缆头（电缆）金属外皮相连，电缆另一端的终端盒与变电站的接地网相连。

54. 什么是电缆分支箱？有何主要作用？

答：电缆分支箱是配电线路中，电缆与电缆、电缆与其他电器设备连接的中间部分，其连接组合方式简单方便、灵活，具有全绝缘、全封闭、防腐蚀、免维护、安全可靠等性能，广泛用于商业中心、工业园区、城市住宅小区。

随着配电网电缆化进程的发展，当容量不大的独立负荷分布较集中时，可使用电缆分支箱进行电缆多分支的连接。

55. 什么是配电变压器？主要由哪些元件构成？

答：用于配电系统将中压配电电压的功率变换成低压配电电压功率，供各种低压电气设备用电的电力变压器，叫配电变压器。配电变压器容量小，一般在 2500kVA 及以下，一次电压也较低，都在 20kV 及以下。

配电变压器的主要元件包括铁芯、绕组、套管、调压装置等。

56. 什么是配电变压器的调压装置？主要有哪几种？

答：配电变压器的调压装置是控制变压器输出电压在指定范围内变动的调节组件，又称分接开关。工作原理是通过改变一次和二次绕组的匝数比来改变变压器的电压变化，从而达到调压的目的。

配电变压器的调压装置分为无载调压装置和有载调压装置两种。无载调压装置俗称无载分接开关，是在变压器不带电条件下切换绕组中线圈抽头以实现调压的装置，通常采用手动操作。有载调压装置也叫有载分接开关，是在变压器不中断运行的带电状态下进行调压的装置。

57. 配电变压器的主要技术参数包括哪些？

答：配电变压器的主要技术参数包括相数、额定频率、额定容量、额定电压、额定电流、阻抗电压、负载损耗、空载电流、空载损耗和联结组别。

58. 三相配电变压器绕组连接方式主要有哪几种？

答：三相配电变压器绕组连接方式主要有星形和三角形连接方式两种。

59. 干式配电变压器有何特点？

答：干式配电变压器承受热冲击能力强，过负载能力大，难燃、防火性能高，对湿度、灰尘不敏感等优势，具有广泛的适应性。最适宜用于防火要求高，负荷波动大以及污秽潮湿的恶劣环境中。

60. 非晶合金铁芯配电变压器有何特点？

答：非晶合金配电变压器采用 Dyn11 联结组别，最突出的特点是比硅钢片铁芯变压器的空载损耗和空载电流低很多，它的空载损耗比传统的硅钢片铁芯的变压器低 60%～80%，CO_2、SO_2 排放量大大减少，具有明显的节能和环保效果。

61. 配电变压器主要采取的防雷措施是什么？

答：（1）阀式避雷器和金属氧化物避雷器是配电变压器防雷保护的基本保护元件，一般在配电变压器和跌落式熔断器之间安装避雷器，而阀式避雷器则要求尽量靠近变压器安装，距离越近越好。

（2）采用“三位一体”的接线方式，即避雷器的接地线应与变压器低压绕组中性点及变压器金属外壳连接在一起共同接地。

（3）采用 Z 型联结变压器。

62. 配电网柱上开关主要有哪几种？

答：配电网柱上开关主要有断路器、负荷开关、重合器、隔离开关等。

63. 柱上开关主要选用原则是什么？

答：（1）规划实施配电自动化的地区，开关性能及自动化原理应一致，并预留自动化接口。

（2）对过长的架空线路，当变电站出线断路器保护段不满足要求时，可在线路中后部安装重合器，或安装带过流保护的断路器。

64. 柱上开关主要采取的防雷措施是什么？

答：3～10kV 柱上断路器和负荷开关应装设避雷器保护。经常开路运行而又带电的柱上断路器、负荷开关或隔离开关，应在带电侧（联络开关应两侧）装设避雷器，其接地线应与柱上断路器等的金属外壳连接，且接地电阻不应超过 10Ω。

65. 什么是断路器？有何特点？

答：断路器是指能够关合、承载和开断正常回路条件下的电流并能关合、在规定的时间内承载和开断异常回路条件下的电流的开关设备。

断路器具有可靠的灭弧性能，不仅能通断正常的负荷电流，而且能接通和承担一定时间的短路电流，并能在保护装置作用下自动跳闸，切除短路故障。

66. 真空断路器的开断原理是什么？有何特点？

答：真空断路器的开断原理是：真空断路器灭弧室的静态压力极低，只需要相当小的触头间隙就可达到很高的电介质强度，在分闸过程中，电流在触头间产生的电弧，在电流第一次自然过零时熄灭。断路器除能开断正常的负荷电流外，还能断开短路故障电流。

真空断路器的特点是：体积小；重量轻；适用于频繁操作；灭弧不用检修。

67. 什么是负荷开关？与断路器有何区别？

答：负荷开关是指介于断路器和隔离开关之间的一种开关设备，具有简单的灭弧装置，能切断额定负荷电流和一定的过载电流，但不能切断短路电流。

负荷开关与断路器的主要区别在于其不能开断短路电流。将负荷开关与熔断器串联形成组合电器，实现用负荷开关切断负荷电流，用熔断器切断短路电流及过载电流，在功率不大或不太重要的场所，可代替价格较高的断路器使用，降低配电装置成本且操作和维护也较简单。

68. 真空负荷开关的开断原理是什么？有何特点？

答：真空负荷开关的开断原理是：真空负荷开关动静触头带电分离时，真空介质对动静触头间产生的电弧在电流过零时熄灭。真空负荷开关只能断开小于自身额定电流的负荷电流。

真空负荷开关的特点是：使用寿命长；开关触头免维护；操作过电压低；操作安全。

69. SF_6负荷开关的开断原理是什么？有何特点？

答：SF_6负荷开关的开断原理是：SF_6气体具有优良的灭弧性能，分闸时，其电弧和气体之间产生相对运动熄灭电弧。SF_6负荷开关只能开断小于自身额定电流的负荷电流。

SF_6负荷开关的特点是：使用寿命长；开关触头免维护；操作过电压低；操作简单安全。

70. 什么是隔离开关？有何特点？

答：隔离开关是指在分闸位置时，触头间有符合规定要求的绝缘距离和明显的断开标志；在合闸位置时，能承载正常回路条件下电流和在规定时间内异常条件（如短路）下电流的开关设备。

隔离开关的主要特点是无灭弧能力，只能在没有负荷电流的情况下分、合电路，但其断开时可以形成可见的明显开断点和安全距离。因没有断流能力，只能用其他设备将线路断开后再操作。一般需要带有防止开关带负荷误操作的联锁装置。

71. 什么是重合器？与断路器有何区别？

答：重合器是指本身具备故障电流检测和操作顺序控制与执行功能，无须提供附加继电保护和操作装置的开关设备。它能够自动检测通过重合器主回路的电流，故障时按反时限保护自动开断故障电流，并依照预定的延时和顺序进行多次重合。

重合器开关本体与断路器完全相同，区别在于控制器的功能上，断路器的控制器功能简单，仅具备控制和保护功能，其他功能靠馈线终端装置实现。而重合器的控制器除了具备断路器控制器的所有功能外，还具有三次以上的重合闸、多种特性曲线、相位判断、程序恢复、运行程序储存、自主判断、与自动化系统的连接等功能，但价格较高。

72. 跌落式熔断器主要作用是什么？

答：跌落式熔断器可装在杆上变压器高压侧、互感器和电容器与线路连接处，提供过载和短路保护，也可装在农村、山区的长线路末端或分支线路上，可作为继电保护装置的辅助设备。

73. 跌落式熔断器的动作原理是什么？

答：正常时，靠熔丝的张力使熔管上动触头与上静触头可靠接触，当故障时，过电流使熔丝熔断时，断口在熔管内产生电弧，熔管内衬的消弧管产气材料在电弧作用下产生高压力喷射气体，吹灭电弧。随后，弹簧支架迅速将熔丝从熔管内弹出，同时熔管在上、下弹性触头的推力和熔管自身重量的作用下迅速跌落，形成明显的隔离空间。在熔管的上端还有一个释放压力帽，放置有一点熔点熔片。当开断大电流时，上端帽的薄熔片融化形成双端排气；当开断小电流时，上端帽的薄熔片不动作，形成单端排气。

74. 什么是避雷器？常见种类有哪些？

答：避雷器是连接在电力线路和大地之间，使雷云向大地放电，从而保护电气设备的器具。当雷电过电压或操作过电压来到时，使其急速向大地放电。当电压降到发电机、变压器或线路的正常电压时，则停止放电，以防正常电流向大地流通。

常见避雷器主要有金属氧化物避雷器、阀型避雷器两种。

75. 什么是杆塔？常见种类有哪些？

答：杆塔是支撑架空线路导线，并使导线与导线之间、导线与杆塔之间、以及导线对大地和交叉跨越物之间有足够的安全距离。线路杆塔的种类主要有钢筋混凝土杆、钢管杆、铁塔和木杆。

76. 什么是杆塔的基础？有何作用？

答：将杆塔固定在地下部分的装置和杆塔自身埋入土壤中起固定作用部分的整体统称为杆塔的基础。杆塔的基础起着支撑塔杆全部荷载的作用，并保证杆塔在受外力作用时不发生倾倒或变形。杆塔基础包括电杆基础和铁塔基础。

77. 钢筋混凝土电杆基础常用的“三盘”指什么？有何作用？

答：钢筋混凝土电杆基础，根据土质的不同，可在杆坑加装底盘、卡盘和拉线盘，统称

“三盘”。底盘的作用是承受混凝土电杆的垂直下压荷载以防止电杆下沉；卡盘是当电杆所需承担的倾覆力较大时，增加抵抗电杆倾倒的力量；拉线盘依靠自身重量和填土方的总合力来承受拉线的上拔力，以保持杆塔的平衡。

78. 什么是横担？常见种类有哪些？

答：横担用于支持绝缘子、导线及柱上配电设备，保护导线间有足够的安全距离。因此，横担要有一定的强度和长度。横担按材质的不同可分为铁横担、木横担、陶瓷横担、绝缘横担四种。

79. 什么是金具？常见种类有哪些？

答：在架空配电线路中，用于连接、紧固导线的金属器具，具备导电、承载、固定的金属构件，统称为金具。金具按其性能和用途可分为悬吊金具（悬垂线夹）、耐张金具（耐张线夹）、接触金具（设备线夹）、连接金具、接续金具、拉线金具和防护金具等。

80. 什么是绝缘子？按材质可分为哪几种？

答：架空电力线路的导线，是利用绝缘子和金具连接固定在杆塔上的。用于导线与杆塔绝缘的绝缘子，在运行中不但要承受工作电压的作用，还要受到过电压的作用，同时还要承受机械力的作用及气温变化和周围的环境的影响，所以绝缘子必须有良好的绝缘性能和一定的机械强度。

绝缘子按材质分为瓷绝缘子、玻璃绝缘子和合成绝缘子三种。

81. 拉线的作用是什么？

答：架空配电线路特别是农村低压配电线路为了平衡导线或风压对电杆的作用，通常采用拉线来加固电杆，拉线的设置是低压架空配电线路必不可少的一项安全措施。

82. 火力发电厂有哪些主要设备？具体工作过程是什么？

答：火力发电厂的主要设备有锅炉、汽轮机和发电机。锅炉将燃料进行燃烧，并利用燃烧释放的热能，将经过软化处理的水变为高温高压蒸汽送到汽轮机。高温高压蒸汽在汽轮机内膨胀做功，将携带的热能转变为推动汽轮机高速旋转的机械能，高温高压蒸汽在做功之后被冷却成凝结水送回锅炉，完成热力循环的全过程。发电机被汽轮机带动旋转，将汽轮机的机械能转变为电能。

83. 火力发电厂锅炉本体有哪些主要部件？

答：火力发电厂锅炉本体主要部件按燃烧系统和汽水系统来设置，有空气预热器、喷燃器、省煤器、汽包、下降管、水冷壁、过热器、再热器等。

84. 火力发电厂锅炉有哪几种燃烧方式？

答：火力发电厂锅炉燃烧方式有固定燃烧、悬浮燃烧和沸腾燃烧三种。

85. 火力发电厂锅炉按水循环方式可分为哪几种？

答：火力发电厂锅炉按水循环方式可分为自然循环、强制循环、直流锅炉三种类型。

86. 汽轮发电机组启动方式与停运方式各分为哪几种？

答：汽轮发电机组启动方式按启动过程中新蒸汽参数的情况可分为额定参数启动和滑参数启动；按汽轮机启动前的金属温度高低可分为冷态启动和热态启动；按冲动转子时所用阀门不同可分为调节门启动、自动主汽门启动、电动主闸门启动。

汽轮发电机组停运方式可分为正常停机和故障停机，对于正常停机按其停机过程不同又可分为定参数停机和滑参数停机。

87. 电网频率过高或过低对汽轮机有何影响？

答：电网频率过高或者过低对汽轮机运行都是不利的，主要影响有：

（1）可能使汽轮机某几级叶片接近或陷入共振区，造成应力显著增加而导致疲劳断裂。

（2）使汽轮机汽耗增加，降低了效率。

（3）使给水泵转速减慢，降低了给水压力，严重时引起锅炉缺水。

（4）使循环水泵转速减慢，减少了循环水量，影响凝汽器真空。

（5）使锅炉风机转速减慢，造成锅炉热负荷降低和炉膛燃烧不稳定。

88. 火力发电厂燃气轮机组运行特点有哪些？

答：燃气轮机组是用液体和气体燃料通过燃气轮机，将燃料燃烧时释放出来的热量转变为机械能，带动发电机发电。主要优点是重量轻、体积小、设备简单、可不用水、启动加速快。

89. 同步发电机的冷却方式有哪几种？

答：同步发电机的冷却方式有外冷和内冷两种。外冷包括空冷和氢冷。内冷包括定子水内冷和转子氢内冷。

90. 背压式供热机组的特点有哪些？

答：（1）没有凝汽器及其辅助设备，系统简单。

（2）没有冷源损失，热能利用率高。

（3）供热量与供电量互相牵制，不能同时满足用户对电量和热量的反向要求，达不到理想的经济效果。

91. 凝汽式供热机组的特点有哪些？

答：（1）供热和供电可以调节。

（2）能同时满足不同用户的要求。

（3）自动调节电、热负荷，能满足电、热不同用户需要，经济性高。

（4）存在部分冷源损失。

92. 水力发电厂有哪几种类型？

答：水力发电厂有堤坝式水电厂、引水式水电厂、抽水蓄能水电厂三种。

93. 水力发电厂动力设备主要由哪些设备组成？

答：水力发电厂动力设备主要由水轮机、水轮发电机及其附属的电气、机械设备组成。

94. 抽水蓄能水电厂的特点是什么？

答：抽水蓄能水电厂是当电力系统处于低负荷时，系统尚有多余电力，此时机组以电动机——水泵方式工作，将下游水库的水抽至上游水库储存起来；在系统高峰负荷时，机组则以水轮机——发电机方式运行，将所蓄的水用于发电，以满足调峰的需要。抽水蓄能水电厂还可有调频、调相、做系统备用和生产季节性电能等多种用途。

95. 水电机组低负荷运行对水轮机设备有何影响？

答：（1）导水叶片处于中等或较小开度下，通过水轮机的水量较少，转轮处于较大真空状态运行，转轮叶片会发生气蚀。

（2）有些水轮机在低负荷区振动会加剧，严重影响机组寿命。

（3）水轮机在额定功率时效率最高，在低负荷时水轮机耗水量增大，降低了经济性。

96. 什么是发电机的频率特性？

答：当系统频率变化时，发电机的调速系统将自动改变汽轮机的进汽量或水轮机的进水量，以增减发电机的功率，这种反映由频率变化而引起发电机功率变化的关系，称为发电机的频率特性。

97. 什么是发电机的调相运行和进相运行？

答：发电机调相运行是指发电机不发有功，主要用来向电网输送感性无功的稳定运行状态。发电机进相运行是指发电机发出有功而吸收无功的稳定运行状态。

98. 发电机非全相运行有哪些危害？

答：（1）造成发电机转子发热。

（2）造成机组振动增大。

（3）造成定子绕组由于负荷不平衡出现个别相绕组端部发热。

（4）可能出现过电压。

（二）提高篇

99. A+、A、B、C、D类供电区域供电可靠性规划目标分别是什么？

答：A+类供电区域供电可靠性规划目标是指用户年平均停电时间不高于5min（≥99.999%），综合电压合格率≥99.99%。

A类供电区域供电可靠性规划目标是指用户年平均停电时间不高于52min（≥99.990%），综合电压合格率≥99.98%。

B类供电区域供电可靠性规划目标是指用户年平均停电时间不高于3h（≥99.965%），综合电压合格率≥99.95%。

C类供电区域供电可靠性规划目标是指用户年平均停电时间不高于9h（≥99.897%），综合电压合格率≥99.70%。

D类供电区域供电可靠性规划目标是指用户年平均停电时间不高于15h（≥99.828%），综合电压合格率≥99.30%。

100. 开关站的电气主接线方式有哪几种？其优缺点及适用范围分别是什么？

答：开关站的电气主接线方式可分为单母线接线、单母线分段联络接线和单母线分段不联络接线三种。

（1）单母线接线的优点是接线简单清晰、规模小、投资省；缺点是不够灵活可靠，母线或进线开关故障或检修时，均可能造成整个开关站停电。一般适用于线路分段、环网，或为单电源用户设置的开关站。

（2）单母线分段联络接线的优点是任一路电源检修或故障时，都不会对用户停电，运行方式灵活，供电可靠性高，在一个开关站内可为重要用户提供双电源；缺点是母线联络需占用两个间隔的位置，增加了开关站的投资，在转移负荷时，系统运行方式变得相对复杂一些。一般适用于为重要用户提供双电源、供电可靠性要求较高的开关站。

（3）单母线分段不联络接线的优点是供电可靠性较高，在一个开关站内可为重要用户提供双电源；缺点是系统运行方式的灵活性不够。一般适用于为重要用户提供双电源、供电可靠性要求较高的开关站。

101. 如何保证电能质量的频率指标？

答：我国频率的额定值50Hz，频率的偏差一般允许值为±0.2Hz。维持电网频率的任务应该由电力系统的一次调频和二次调频系统来完成，但这是指电网的最大出力（即供应电能的能力）的情况下进行，一旦电网出现过载，超过调频系统的承受范围时，变电站内就会启动按频率自动减负荷装置，分级、有效地切除负荷以保证频率在额定值附近。

102. 开关操动机构主要有哪几种？有何优缺点？

答：开关操动机构主要有电磁操动机构、永磁操动机构和弹簧操动机构三种。

（1）电磁操动机构合闸电流大，零部件多，结构复杂。除电动分、合闸外，还可以手动分闸操作。

（2）永磁操动机构是一种新概念的操动机构，它有单稳态和双稳态之分。特点是结构简单，开关状态靠永久磁铁的磁力保持，机械传动部件非常少，机构密封程度较高，受外界影响较小。永磁操动机构最为致命的缺点是没有手动合闸手柄，在合闸送电时，如果遇到控制器或合闸回路故障将会觉得非常棘手。

（3）弹簧操动机构结构非常简单，零部件极少，整个机构密封在 SF_6 气体腔内，故障几率极低。能满足电动和手动分、合闸操作，即使控制器发生故障也能尽快手动恢复送电，是目前最为理想的操动机构。

103. 重合器主要有哪几种？工作原理分别是什么？

答：重合器主要有电流型重合器和电压型重合器两种。

（1）电流型重合器。检测到短路故障电流后跳闸、再自动重合的称为电流型重合器。这种重合器既作保护跳闸用，又能实现 1～3 次重合闸。将故障段从最后一段开始逐一排除，直到判别到故障段，因需多次重合故障电流，对电网冲击较大，同时分段越多，需重合的次数越多、时间越长，故分段一般不宜超过三段。适用于分支线和辐射型线路。

（2）电压型重合器。检测到线路失压后即跳闸、来电后延时重合的称为电压型重合器。变电所内出线断路器需两次重合配合完成故障隔离与恢复供电，其中第一次重合为判别故障段，依据各分段点开关合闸的数量确定故障段并将故障段两侧开关闭锁隔离故障；第二次重合为恢复非故障段的供电，整路馈线仅重合一次故障电流，完成故障隔离与恢复供电时间较长。适用于辐射型或环网型的短线路，实现初级自动化。

104. 杆塔按用途分为哪几类？各有何特点？

答：杆塔按用途分为直线杆、耐张杆、转角杆、终端杆、分支杆、跨越杆等。

（1）直线杆用在线路的直线段上，以支持导线、绝缘子、金属等重量，并能够承受导线的重量和水平风力荷载，但不能承受线路方向的导线张力；它的导线用线夹和悬式绝缘子串挂在横担下或用针式绝缘子固定在横担上。

（2）耐张杆主要承受导线或架空线地线的水平张力，同时将线路分隔成若干耐张段（耐张段长度一般不超过 2km），以便于线路的施工和检修，并可在事故情况下限制倒杆断线的范围；导线用耐张线夹和耐张绝缘子串或用蝶式绝缘子固定在电杆上，电杆两边的导线用引流线连接起来。

（3）转角杆在线路方向需要改变的转角处，正常情况下除承受导线等垂直载荷和内角平分线方向的水平风力荷载外，还要承受内角平分线方向导线全部拉力的合力，在事故情况下还要能承受线路方向导线的重量，它有直线型和耐张型两种型式，具体采用哪种型式可根据转角的大小来确定。

（4）终端杆用在线路首末的两终端处，是耐张杆的一种，正常情况下除承受导线的重量和水平风力荷载外，还要承受顺线路方向导线全部拉力的合力。

（5）分支杆用在分支线路与主配电线路的连接处，在主干线方向上它可以是直线杆或耐张杆，在分支线方向上时则是终端杆；分支杆除承受直线杆塔所承受的载荷外，还要承受分支导线等垂直荷重、水平风力荷重和分支方向导线全部拉力。

（6）跨越杆用在跨越公路、铁路、河流和其他电力线等大跨越的地方；为保证导线具有必要的悬挂高度，一般要加高电杆；为加强线路安全，保证足够的强度，还需加装拉线。

105. 试画出电缆线路“双环式”结构图。

答：电缆线路“双环式”结构如下图所示。

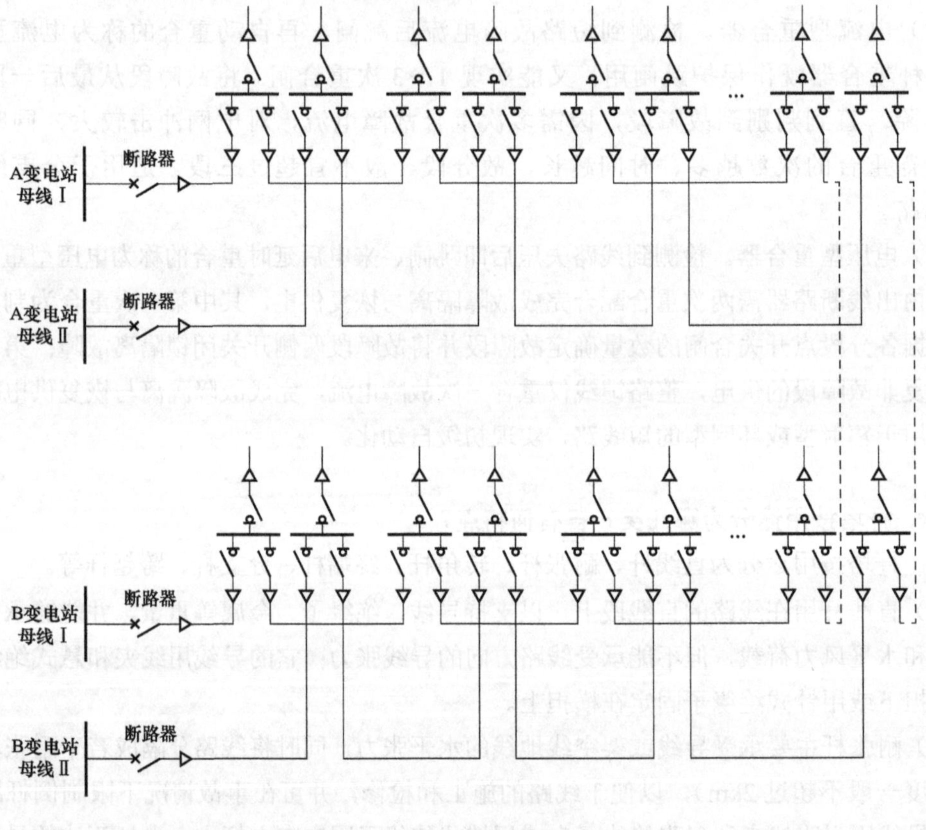

106. 试画出电缆线路“*N*供一备（*N*≥2）”结构图。

答：电缆线路“*N*供一备（*N*≥2）”结构如下图所示。

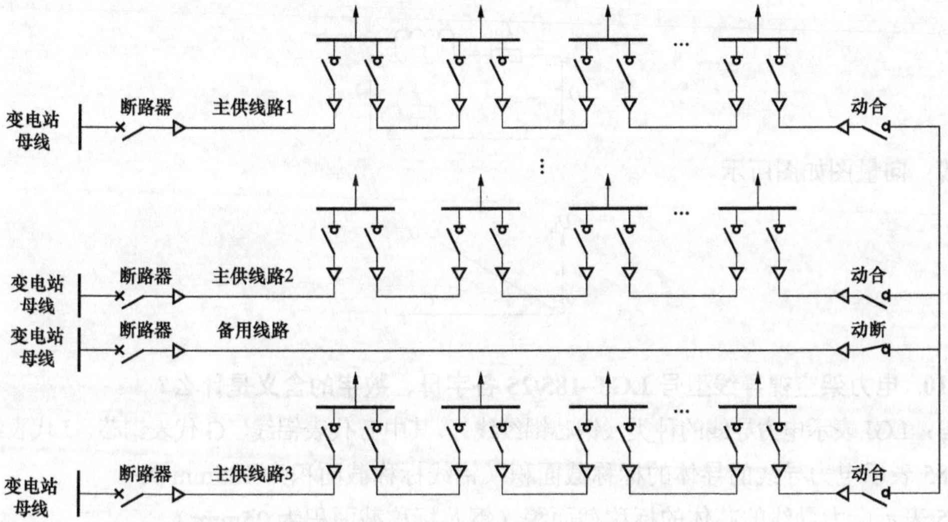

107. 试画出变压器 Yd11 接线图及向量图。

答：接线图如下图所示。

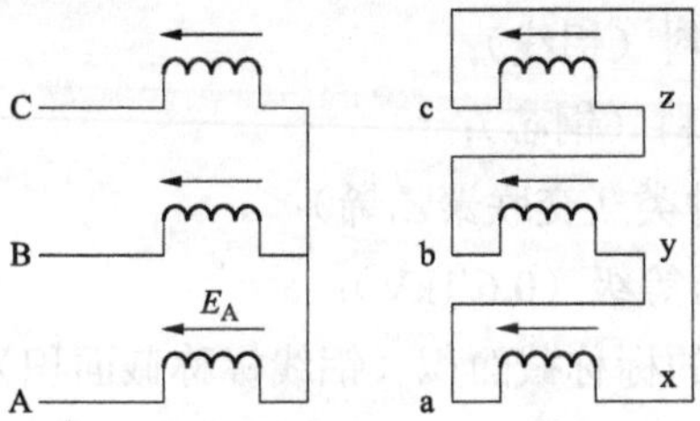

向量图如下图所示。

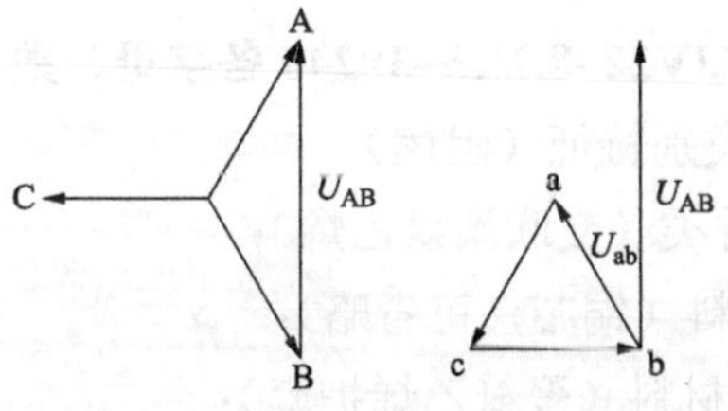

108. 根据下图所示的 RC 电路，试画出电压和电流的向量图。

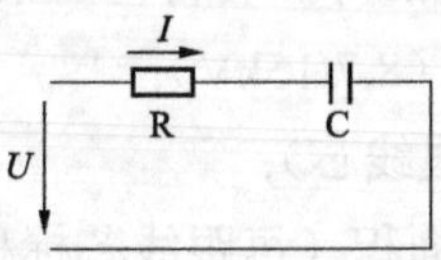

答：向量图如图所示。

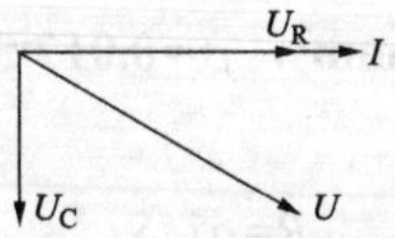

109. 根据下图所示的 RL 电路，试画出电压和电流的向量图。

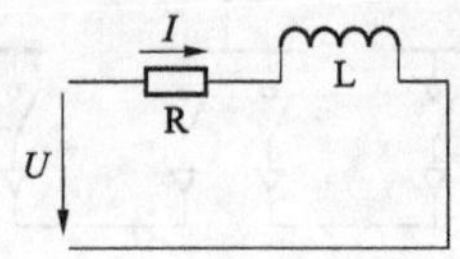

答：向量图如图所示。

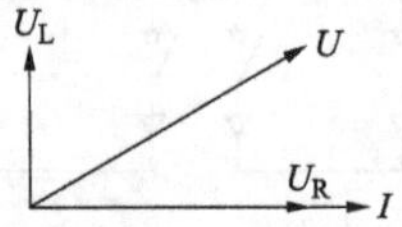

110. 电力架空裸导线型号 LGJ–185/25 各字母、数字的含义是什么？

答：LGJ 表示电力导线的种类（钢芯铝绞线），其中 L 代表铝线、G 代表钢芯、J 代表绞线；

185 表示电力导线的导体的标称截面积（铝线标称截面积为 185mm^2）；

25 表示电力导线的芯体的标称截面积（钢芯标称截面积为 25mm^2）。

111. 电力架空绝缘电缆型号 JKLGYJ–0.6/1–150/20 各字母、数字的含义是什么？

答：JK 表示电力电缆的类别特征（架空）；

L 表示电力电缆的导体材料（铝线）；

G 表示电力电缆的芯体材料（钢芯）；

YJ 表示电力电缆的绝缘种类（交联聚乙烯）；

0.6/1 表示电力电缆的电压等级（0.6/1kV）；

150 表示电力导线的导体的标称截面积（铝线标称截面积为 150mm^2）；

20 表示电力导线的芯体的标称截面积（钢芯标称截面积为 20mm^2）。

112. 电力电缆型号 ZR–YJV22–8.7/15–3×240 各字母、数字的含义是什么？

答：ZR 表示电力电缆的类别特征（阻燃）；

YJ 表示电力电缆的绝缘种类（交联聚氯乙烯）；

T 表示电力电缆的导体材料（铜芯，可省略）；

V 表示电力电缆的内护层材料（聚氯乙烯护套）；

2（第一位数字 2）表示电力电缆的铠装层材料（钢带铠装）；

2（第二位数字 2）表示电力电缆的外护套材料（聚氯乙烯外护套）；

8.7/15 表示电力电缆的电压等级（8.7/15kV）；

3 表示电力电缆的线芯根数（3 根线芯）；

240 表示电力电缆的线芯标称截面积（每跟线芯标称截面积为 240mm^2）。

113. 铜导线长 2km、截面积为 4mm^2，ρ=0.017 5（Ω·mm^2）/m，试求该铜导线的电阻是多少？

答：
$$R=\rho L/S$$

长度　　L=2km=2000m

截面积　　S=4mm^2

电阻　　$R=\rho L/S$=0.0175×2000/4=8.75Ω

该铜导线的电阻是 8.75Ω。

114. 如图所示电路中，试求该电路 A、B 端的等效电阻是多少？

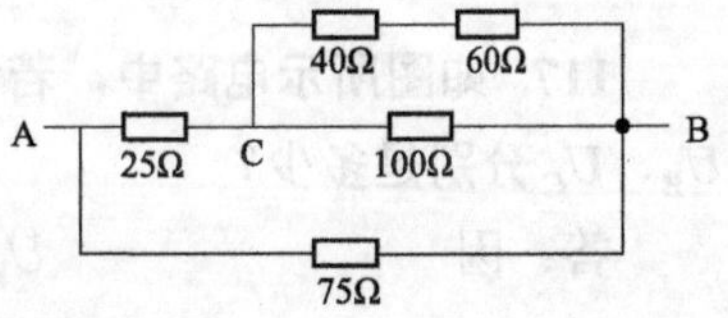

答：等效电阻 R_{CB}=[(40+60)×100]/(40+60+100)

=50Ω

等效电阻　　R_{AB}=[(50+25)×75]/(50+25+75)

=37.5Ω

该电路 A、B 端的等效电阻是 37.5Ω。

115. 如图所示电路中，R_1=5Ω、R_2=10Ω、R_3=8Ω、R_4=3Ω、R_5=6Ω，试求该电路 A、B 端的等效电阻是多少？

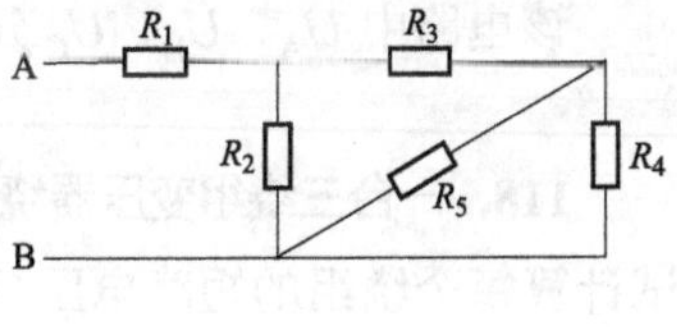

答：　　$R_a=R_4 // R_5$

$=R_4R_5/(R_4+R_5)$

=3×6/(3+6)

=2Ω

$R_b=R_3+R_a$

=8+2

=10Ω

$R_c=R_2 // R_b$

$=R_2R_b/(R_2+R_b)$

=10×10/(10+10)

=5Ω

$R_{AB}=R_1+R_c$

=5+5

=10Ω

该电路 A、B 端的等效电阻是 10Ω。

116. 如图所示电路中，已知电阻 R_1=60Ω，R_2=40Ω，总电流 I=2A，试求该电路中流过 R_1 和 R_2 的电流 I_1 和 I_2 分别是多少？

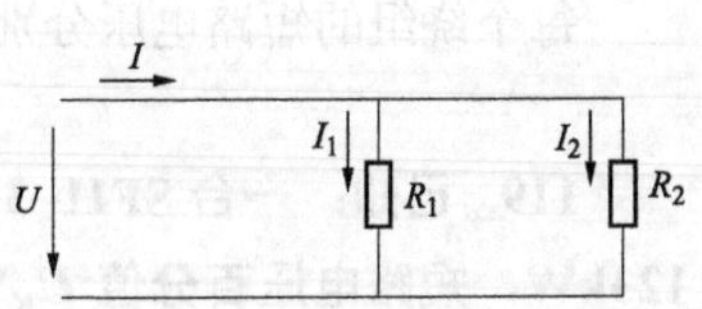

答：R_1 支路中的电流 $I_1=[R_2/(R_1+R_2)]\times I$

=[40/(60+40)]×2

=0.8A

R_2 支路中的电流　　$I_2=[R_1/(R_1+R_2)]\times I$

$=[60/(60+40)]\times2$

$=1.2A$

该电路中流过 R_1 和 R_2 的电流 I_1 和 I_2 分别是 0.8A、1.2A。

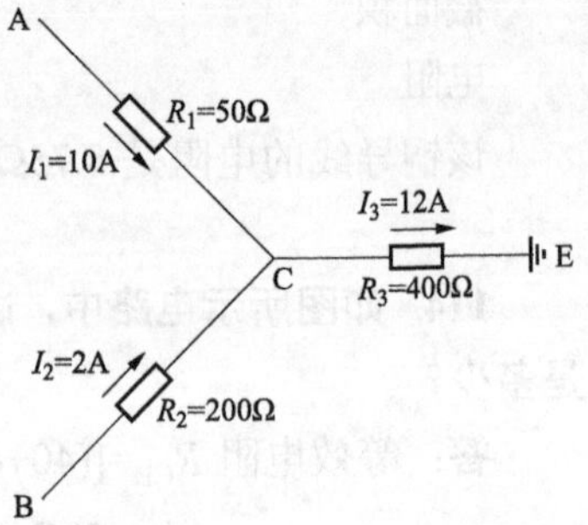

117. 如图所示电路中，若设 U_E=0V，试求该电路中 U_A、U_B、U_C 分别是多少？

答：因 $U_E=0$

则 $U_c=R_3I_3$

$=400\times12$

$=4800V$

$U_B=U_c+R_2I_2$

$=4800+200\times2$

$=5200V$

$U_A=U_c+I_1R_1$

$=4800+50\times10$

$=5300V$

该电路中 U_A、U_B、U_C 分别是 5300V、5200V、4800V。

118. 一台三绕组变压器绕组间的短路电压分别为 $U_{d\mathrm{I}-\mathrm{II}}$=9.9%、$U_{d\mathrm{I}-\mathrm{III}}$=14.9%、$U_{d\mathrm{II}-\mathrm{III}}$=5.8%，试计算每个绕组的短路电压分别是多少？

答：$U_{d\mathrm{I}}=1/2(U_{d\mathrm{I}-\mathrm{II}}+U_{d\mathrm{I}-\mathrm{III}}-U_{d\mathrm{II}-\mathrm{III}})$

$=1/2(9.9\%+14.9\%-5.8\%)$

$=9.5\%$

$U_{d\mathrm{II}}=1/2(U_{d\mathrm{I}-\mathrm{II}}+U_{d\mathrm{II}-\mathrm{III}}-U_{d\mathrm{I}-\mathrm{III}})$

$=1/2(9.9\%+5.8\%-14.9\%)$

$=0.4\%$

$U_{d\mathrm{III}}=1/2(U_{d\mathrm{I}-\mathrm{III}}+U_{d\mathrm{II}-\mathrm{III}}-U_{d\mathrm{I}-\mathrm{II}})$

$=1/2(14.9\%+5.8\%-9.9\%)$

$=5.4\%$

每个绕组的短路电压分别是 9.5%、0.4%、5.4%。

119. 已知：一台 SF11–31500/110 型变压器，其额定变比为 110/10.5kV，短路损耗 P_K=123kW，短路电压百分值 U_K%=10.5，空载损耗 P_0=32.5kW，空载电流百分值 I_0%=0.8，试计算归算到高压侧绕组的电阻、电抗分别是多少？

答：由变压器型号 SF11–31500/110 已知 31500 为容量（单位 kVA），110 为额定电压（单位 kV）。

S_N=31.5MVA
U_N=110kV
$R_T=P_KU_N^2/1000S_N^2$
$=123\times110^2/(1000\times31.5^2)$
=1.5Ω
$X_T=U_K\%U_N^2/100S_N$
$=10.5\times110^2/(100\times31.5)$
=40.33Ω

归算到高压侧绕组的电阻、电抗分别是 1.5Ω、40.33Ω。

120. 某变压器额定电压为 110/35/10.5kV，联结组别为 YNynd12–11，已知高压绕组为 1800 匝，试求该变压器的中、低压绕组分别为多少匝？

答：该变压器中压绕组匝数为

$$N_2=1800/110\times35\approx573\text{ 匝}$$

该变压器低压绕组匝数为

$$N_3=1800/110\times10.5\times\sqrt{3}\approx298\text{ 匝}$$

该变压器的中、低压绕组分别为 573 匝、298 匝。

121. 某三相变压器二次侧电压为 400V，电流为 250A，已知功率因数 $\cos\varphi$=0.866，试求该变压器的有功功率 P、无功功率 Q 和视在功率 S 分别是多少？

答：有功功率

$$P=\sqrt{3}UI\cos\varphi$$
$$=\sqrt{3}\times400\times250\times0.866$$
$$\approx150\text{kW}$$

视在功率

$$S=\sqrt{3}UI$$
$$=\sqrt{3}\times400\times250$$
$$=173.2\text{kVA}$$

无功功率

$$Q=\sqrt{3}UI\sin\varphi$$
$$=\sqrt{S^2-P^2}$$
$$=\sqrt{173.2^2-150^2}$$
$$\approx86.6\text{kvar}$$

该变压器的有功功率 P、无功功率 Q 和视在功率 S 分别是 150kW、86.6kvar、173.2kVA。

122. 某 SZ11–50000/110 变压器，额定电压为 110±4×2.5%/10.5kV，试求高、低压侧的额定电流分别是多少？

答：高压侧的额定电流为

$$I_{1E}=S_E/\sqrt{3}U_{1E}$$
$$=50\ 000/(\sqrt{3}\times110)$$
$$\approx262A$$

低压侧的额定电流为

$$I_{2E}=S_E/\sqrt{3}U_{2E}$$
$$=50\ 000/(\sqrt{3}\times10.5)$$
$$\approx2749A$$

高、低压侧的额定电流分别是 262A 和 2749A。

123. 某变压器额定容量为 40 000kVA，额定电压为 115/37/11kV，连接组别为 YNynd12–ll，试求该变压器各侧的额定电流是多少?各侧相电流是多少?

答：高压侧是星形接线，线电流（即额定电流）与相电流相等，即

$$I_{HE}=I_{phHE}=40\ 000/(\sqrt{3}\times115)$$
$$\approx201A$$

中压侧是星形接线，线电流（即额定电流）与相电流相等，即

$$I_{ME}=I_{phME}=40\ 000/(\sqrt{3}\times37)$$
$$\approx624A$$

低压侧是三角形接线，线电流（即额定电流）与相电流是 $\sqrt{3}$ 倍关系，即

$$I_{LE}=40\ 000/(\sqrt{3}\times11)$$
$$\approx2100A$$
$$I_{phLE}=I_{LE}/\sqrt{3}$$
$$=2100/\sqrt{3}$$
$$\approx1212A$$

该变压器高压侧额定电流和相电流均为 201A，中压侧额定电流和相电流均为 624A，低压侧额定电流为 2100A，相电流为 1212A。

124. 如何用近似计算法求下图电力系统的等值电路的参数标幺值？

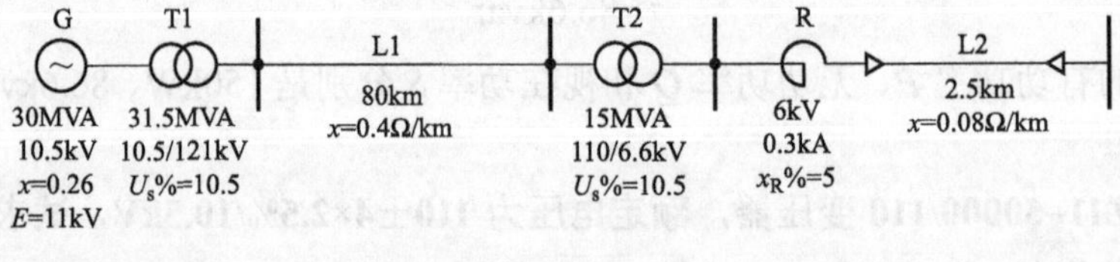

答：取 $S_B=100\,\text{MVA}$，$U_B=U_{av}$

发电机：
$$X_1 = X_{G*(N)}\frac{S_B}{S_N} = 0.26\times\frac{100}{30} = 0.867$$

$$E = \frac{11}{10.5} = 1.048$$

变压器 T1：
$$X_2 = \frac{U_s\%}{100}\frac{S_B}{S_N} = 0.105\times\frac{100}{31.5} = 0.333$$

110kV 线路：
$$X_3 = xl\frac{S_B}{U_B^2} = 0.4\times 80\times\frac{100}{115^2} = 0.242$$

变压器 T2：
$$X_4 = \frac{U_s\%}{100}\frac{S_B}{S_N} = 0.105\times\frac{100}{15} = 0.7$$

电抗器：
$$I_{B3} = \frac{S_B}{\sqrt{3}U_{B3}} = \frac{100}{\sqrt{3}\times 6.3} = 9.164\,\text{kA}$$

$$X_5 = \frac{U_R\%}{100}\left(\frac{U_N}{U_B}\right)\left(\frac{I_B}{I_N}\right) = 0.05\times\frac{6}{6.3}\times\frac{9.164}{0.3} = 1.455$$

6kV 电缆：
$$X_6 = xl\frac{S_B}{U_B^2} = 0.08\times 2.5\times\frac{100}{6.3^2} = 0.504$$

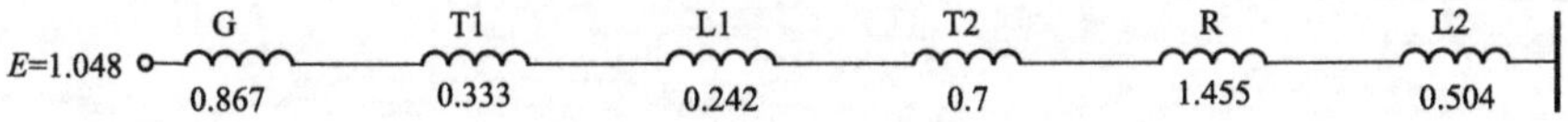

125. 如何用准确计算法求下图电力系统的等值电路的参数标幺值？

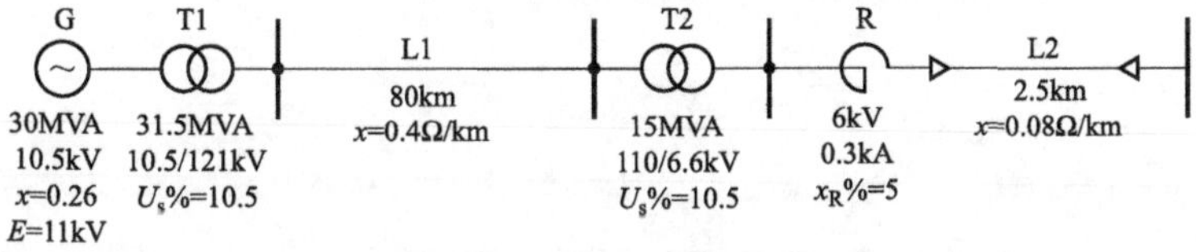

答：取 $S_B = 100\,\text{MVA}$，选第Ⅱ段为基本段，取 $U_{B2} = 121\,\text{kV}$

则：
$$U_{B1} = 121\times\frac{10.5}{121} = 10.5\text{kV}，\quad U_{B3} = 121\times\frac{6.6}{110} = 7.26\text{kV}$$

发电机：
$$X_1 = X_{G*(N)}\left(\frac{U_N}{U_B}\right)^2\left(\frac{S_B}{S_N}\right) = 0.26\times\left(\frac{10.5}{10.5}\right)^2\times\left(\frac{100}{30}\right) = 0.867$$

$$E = \frac{11}{10.5} = 1.048$$

变压器 T1：
$$X_2 = \frac{U_s\%}{100}\left(\frac{U_N}{U_B}\right)^2\left(\frac{S_B}{S_N}\right) = 0.105\times\left(\frac{121}{121}\right)^2\times\left(\frac{100}{31.5}\right) = 0.333$$

110kV 线路： $$X_3 = xl\frac{S_B}{U_B^2} = 0.4\times 80\times\frac{100}{121^2} = 0.219$$

变压器 T2： $$X_4 = \frac{U_s\%}{100}\left(\frac{U_N}{U_B}\right)^2\left(\frac{S_B}{S_N}\right) = 0.105\times\left(\frac{110}{121}\right)^2\times\left(\frac{100}{15}\right) = 0.579$$

电抗器： $$I_{B3} = \frac{S_B}{\sqrt{3}U_{B3}} = \frac{100}{\sqrt{3}\times 7.26} = 7.952\text{kV}$$

$$X_5 = \frac{U_R\%}{100}\left(\frac{U_N}{U_B}\right)\left(\frac{I_B}{I_N}\right) = 0.05\times\frac{6}{7.26}\times\frac{7.952}{0.3} = 1.092$$

6kV 电缆： $$X_6 = xl\frac{S_B}{U_B^2} = 0.08\times 2.5\times\frac{100}{7.26^2} = 0.379$$

第二章　配电网调控运行管理

（一）基础篇

1. 什么是调控一体化？其主要目标是什么？

答：调控一体化是指将原有的变电设备监控和运维业务全面分离，将设备运行监控业务与调度业务融合，实现电网调度与电网监控一体化管理。这种新的管理模式提高了电网故障处理和日常操作效率，保证了运行人员统筹调配，实现了减员增效。

调控一体化的主要目标是完善调度自动化系统，完成变电站无人值班改造，提高配电网自动化水平，实现电网调度业务和运行监控业务融合，全面提升调控机构的人员素质、管理能力及技术水平，促进调度管理的规范化、标准化。

2. 大运行体系建设中深化地县调业务一体化运作的原则是什么？

答：大运行体系建设中深化地县调业务一体化运作应按照“两统一、两规范”的原则，全面实施地县调控业务一体化运作，强化专业统一管理和业务集约运作，提升县域调控业务规范管理水平。

“两统一”：① 统一专业管理；② 统一核心业务。“两规范”：① 规范业务流程；② 规范加强配电网调控管理。

3. 全面推进地县调业务一体化运作的主要原则有哪些？

答：（1）统筹计划，分步实施。

（2）措施同步，保障有力。

（3）流程高效，界面清晰。

（4）平稳有序，整体交接。

4. 配电网调度管辖范围应如何划分？

答：配电网调度管辖范围划分原则如下：

（1）地调调度管辖范围为地域内 110kV 发、输、变电设备和 35kV 及以下认为应由地调直接调度的发、输、变电设备。

（2）配调调度管辖范围为城区 10（6、20）kV 发、变、配电设备（含分支线许可）。

（3）县调调度管辖范围为县域内 35kV、10（6、20）kV 发、输、变、配电设备。

（4）调度管辖设备划分应遵循有利于配电网安全、优化调度的原则，并根据配电网发展情况适时调整。上级调控机构可以根据实际工作需要，将原调度管辖范围内的调度设备授权下级调控机构。

5. 配电网监控范围划分有哪些原则？

答：（1）监控范围仅限于监控信息接入调度集中运行监控系统的配电网设备，监控信息未接入调度集中运行监控系统的配电网设备由设备运维单位负责监控。

（2）调控机构可以进行监控范围内具备遥控操作条件的单一断路器操作。

（3）对满足“双确认”（至少应有两个非同源指示发生对应变化，且所有这些确定的指示均已同时发生变化）条件的，可推行 35kV 及以下电压等级重合闸、备自投装置投退的远方操作。

（4）监控范围原则上与调度管辖范围一致，下级调控机构监控范围调整应报上级调控机构审核批准。

6. 配电网无功电压管理职责及内容有哪些？

答：按照分层分区、就地平衡的无功电压管理基本原则，负责本级配电网运行电压的监视、调整和控制，负责调度管辖范围内的配电网无功平衡分析。具体内容包括：

（1）执行并完成年度电压合格率指标、系统功率因数指标。

（2）负责配电网的自动电压控制（AVC）系统建设及运行维护。

（3）按月统计并定期分析电压合格率，分析配电网无功电压存在的问题并提出改进意见。

（4）监视无功功率、电压变化在合格范围内，按监控范围进行无功补偿设备的投切操作，调整变压器分接头位置。

7. 配电网调控机构有哪些管理要求？

答：（1）配电网电力调度遵循“统一调度、分级管理”的原则，并配备与调控运行、方式计划、继电保护、调度自动化等专业相适应的专职岗位及人员。

（2）配调（县调）与地调在调度业务工作中是上下级关系，下级调度必须服从上级调度的调度管理。

（3）上级调度对下级调度负有业务培训及指导责任，各电力生产运行单位必须服从与调度管辖相对应的调控机构的调度。

8. 调控机构值班场所有哪些电源要求？

答：（1）各级电力调控机构的调控室和机房应由两个不同电源点供电，并配备不间断电源和事故照明。

（2）为在突发事件、自然灾害、战争时，保证提供不间断的电力调度指挥，有条件的应建立备用调控室。

9. 配电网调控运行主要有哪些工作职责？

答：电力系统调控管理必须依法对电网运行进行组织、指挥、指导和协调，领导（负责）电力系统运行、操作和事故处理。配电网调控必须做好下列工作：

（1）负责对管辖电网范围内的设备进行运行、操作管理及配电线路运行监控。

（2）负责指挥管辖电网的事故处理，并参加系统事故分析和参与制订提高系统安全运行的措施。

（3）审核管辖电网范围内的设备检修计划，批准设备检修申请。

（4）负责编制和执行管辖电网的各种运行方式。

（5）负责收集、整理管辖电网的运行资料，提供分析报告。参与拟定迎峰度夏措施和电网改进方案。

（6）参与拟定降损技术措施，提高管辖电网经济运行水平。

（7）负责指挥管辖电网主变功率因数调整和电压调整。

（8）参与编制低频、低压减载方案。参与编制系统事故限电序位表，参与制定超负荷限电序位表，经政府主管部门批准后执行。

（9）负责与高压双电源客户签订有关双电源调度协议。

（10）负责管辖电网范围内的新设备命名、编号；编制管辖电网范围内的新设备启动方案，参与新设备启动。

（11）参与管辖电网的规划、工程可研及设计审查。

（12）接受上级电力管理部门、调控机构授权或委托的与电力调控相关的工作。

10. 值班调控员应熟练掌握哪些内容？

答：（1）电力安全工作规程、上级和本公司的调控规程以及其他有关规程、规定、制度、指示、通知等。

（2）管辖电网的一次接线方式、主要设备的结构原理、运行特性和规范。

（3）管辖电网的继电保护和安全自动装置的基本原理、配置及运行情况。

（4）当年超负荷限电序位表和事故限电序位表。

（5）调控通信、自动化及各种办公设备的使用方法。

（6）调控术语及操作术语。

（7）主要调控业务联系对象的姓名及联系方式。

11. 配电网调控员与配电运检人员日常联系主要分几类？

答：配电网调控员与配电运检人员日常联系主要分四类：

（1）配电设备检修工作。配电运检人员执行完调度操作指令后，汇报值班调控员，由调控员许可开工。值班调控员接到工作竣工汇报后，进行相关复役操作。

（2）配电设备抢修工作。值班调控员接到配电线路跳闸或缺陷等信息后，即刻通知相应配电运检人员进行巡线查找故障点。查找到故障点后，按相关流程进行故障隔离、负荷转移，许可故障处理。

（3）方式调整。当外界干扰或负荷变化影响到配电网的供电能力及其可靠性时，配电运检人员根据值班调控员操作指令完成相应配合操作，改变配电网的运行方式，达到配电网运行的最优化。

（4）带电作业。配电网带电作业工作负责人在带电作业工作开始前，应与值班调控员联系；工作结束后应及时向值班调控员汇报。需要停用重合闸的，应向值班调控员履行许可手续。带电作业过程中如设备突然停电，工作负责人应尽快与调控运行值班人员联系，调控运行值班人员未与工作负责人取得联系前不得强送电。

12. 配电带电作业应符合哪些管理要求？

答：（1）配电带电作业人员均应经过专项培训，取得相应带电作业资质；所开展的作业项目以经专业管理部门鉴定合格，并由本单位分管领导（总工）批准的项目为准。

（2）带电作业处理紧急缺陷或事故抢修，若超出本单位已开展的带电作业同类项目范围，应根据现场实际情况制定并落实可靠的安全措施，经本单位分管领导批准后方可进行。

（3）现场作业前应经现场勘查，并经评估后，确定是否具备作业的必要性和安全性。

（4）作业现场应严格配备足够的人员，各人员的资质应满足本项作业的要求。

（5）每次作业应对应一份规范的现场标准化作业指导书。

13. 带电作业单位应备有哪些技术资料和记录？

答：（1）国家、行业及公司系统带电作业有关标准、导则、规程及制度。

（2）带电作业规章制度、现场操作规程、标准化作业指导书。

（3）工作票签发人、工作负责人名单、带电作业资质及人员资格证书。

（4）带电作业工作有关记录。

（5）带电作业工器具清册、出厂资料及试验报告。

（6）带电作业技术培训和培训考核记录。

（7）设备一次结线图、参数等图表。

（8）带电作业事故及重要事项记录。

（9）高海拔地区还应具备海拔高度修正后的间隙、距离等图表。

（10）其他带电作业单位应备有的技术资料和记录。

（二）提高篇

14. 保证配电网经济运行的管理措施有哪些？

答：（1）加强配电网规划，加大配电网建设、改造力度。

（2）合理调度，减少变压器轻负荷、重载和过负荷概率。

（3）加快配电网自动化建设，提高配电网科技含量。

（4）合理进行无功补偿，提高功率因数。

（5）合理安排设备检修，做好配电线路维护。

（6）推广现代化手段，加快电量远传工作。

（7）积极开展台区线损管理工作。

（8）加强线损预测分析和理论计算工作。

（9）加强计量管理。

（10）深入开展反窃电工作，根据有关法律法规对窃电行为予以严厉打击。

15. 保证配电网经济运行的技术措施有哪些？

答：在保证持续供电、用户接受合格电能的同时，要求配电网在最经济的状态下运行，这样可以使得配电网的网损最小，不仅可以降低运行成本，还可以提高供电能力。故可以从下列几个方面加以考虑：

（1）根据负荷变化情况改变配电网络的供电方式。

（2）根据负荷变化情况改变变压器的运行方式，使之处于经济运行状态。

（3）降低变压器的铁芯损耗，使用节能型变压器。

（4）结合工程优化供电路径，避免迂回供电。

总之，配电网络的经济运行要在符合实际需要和可能的基础上加以考虑，避免盲目将尚可使用的设备加以撤换。

16. 降低配电网线损的措施有哪些？

答：降低配电网线损措施主要分为技术措施和管理措施。

技术措施主要包括加强电网改造；保持设备经济运行；实现无功功率就地平衡；加快计量装置的改进，用全电子电能表代替机械电能表；新增配电变压器时应合理考虑电源点位置。

管理措施主要包括开展线损分析；实现线损理论计算管理；实现营销管理的制度化、规范化、标准化、系统化；严格加强计量管理和反窃电措施，大力宣传依法治电、依法用电；不断加大查处活动打击窃电力度；控制人为调整；控制线损波动。

17. 当有关领导发布调控业务相关指示时，应注意有哪些具体要求？

答：各级调控机构的值班调控员在值班期间是电网运行、操作及事故处理的指挥人员，按照调度管辖范围行使调度权，对调度管辖范围内的运行值班人员发布调度指令，值班调控员在发令操作时，任何单位和个人不得非法干预。

上级领导发布的一切有关调控业务的指示，应通过调控中心领导（或调控班长）转达给值班调控员。各发、供电单位领导人向其运行人员发布的指令或指示，如涉及值班调控员的权限时，必须经值班调控员许可后才能执行，但在现场事故处理规程内已有规定者除外。

18. 哪些情况下调控员可以向现场运维人员移交监控职责？

答：下述情况调控员可以向现场运维人员移交监控职责：

（1）变电站设备处于调试和停电检修期间。

（2）当发生集中监控系统崩溃或信息通道中断等特殊情况，导致无法履行集中监控职能。

（3）厂站端监控系统、监控设备发生故障，造成部分或全部设备监控信息无法上传。

（4）变电站一、二次设备缺陷频发误告警信息，严重影响或干扰调控员正常工作。

（5）其他导致调控员无法对设备实行有效监控职能的情况。

19. 将设备监控职责移交给变电运维人员时应做好哪些工作？

答：当变电站设备无法正常监控时，调控员应通知并将设备监控职责移交给相应变电运维人员。在此期间，变电运维人员应加强与调控员联系。在接到该缺陷消除的通知后，调控员应与变电运维人员核对站内信号正常后，收回设备监控职责，并做好相关记录。

20. 配电网集中监控缺陷管理主要内容有哪些？

答：（1）应加强对监控范围内设备的缺陷管理，通过监控系统告警信息分析判断，及时发现设备缺陷并发起缺陷管理流程。

（2）应定期对监控运行中发现的缺陷情况进行跟踪、统计、分析和督办，对于严重影响设备监控的缺陷有权将该缺陷等级提高，并督促检修单位加快消缺进度。

（3）对于集中监控发现的缺陷，除开展缺陷消缺进度跟踪外，还应定期将缺陷消缺情况进行通报，定期组织缺陷分析会议。

（4）应根据设备集中监控运行业务需求和信息规范化管理的要求，加强对频发、无效监控信息的优化管理，及时总结监控运行经验，采取筛选、归并、延时等措施，提高监控信息质量。

21. 配电网调控安全管理总体要求主要包括哪些内容？

答：（1）坚持“安全第一、预防为主、综合治理”的方针，以防止发生配电网大面积停电事故和调度责任事故为重点，以强化安全内控机制为核心，提升安全生产保障能力建设，确保配电网安全稳定运行。

（2）应按照“谁主管、谁负责”和下级对上级的安全生产逐级负责的原则，制定并完善各级各岗安全生产责任制。

（3）调控机构主要负责人为安全第一责任人，副职及安全员为分管工作范围内的安全责任人，各班组负责人对本班组安全生产负直接责任，专业人员对本岗位安全生产负直接责任。

（4）负责组织安全技术、劳动保护措施计划和反事故措施计划的制定、实施落实，并履行对并网发电厂涉网安全监督的职能。

（5）组织召开每月一次由安全第一责任人主持的安全分析会，按规定开展电网运行分析和班组安全活动，及时了解安全生产情况，对存在的问题进行督促整改。

（6）深入开展配电网调度系统安全生产保障能力评估工作及安全性评价活动，开展季节性安全生产专项检查，组织落实各类安全专项活动要求，坚持事故隐患排查治理工作常态化、规范化。

（7）负责做好对新员工、换岗人员、外来施工人员等的安全教育和培训。开展安全技术等级培训认证，每年组织参加安规培训和考试，强化安全意识，提升安全能力，规范安全行为，养成良好安全习惯，营造安全文化氛围。

（8）实施从业务流程建立、执行到审核、监督、评估和改进的全过程管理，制定相关管理制度，确保核心业务流程正确、及时、顺畅流转。

（9）组织开展消防安全专项活动，落实消防安全要求。同时，要做好调控大厅、自动化机房等重要场所外来人员进出管理。

22. 配电网应急预案及演练工作机制的主要内容有哪些？

答：（1）按照应急工作规范，成立由主要负责人组成的应急组织机构，协同参与处置因外力、恶劣气候等对电网影响较大事件，并在必要时增派人员给以支援。

（2）根据总体应急预案原则，制定调控运行突发事件处置应急工作预案及现场处置方案。

（3）及时组织修订调度管辖范围内各变电站和配电站（所）全停应急预案并进行滚动修改，督促各并网电厂定期将预案上报备案，应急预案中受条件限制不能落实的措施应及时报安监部门备案。

（4）当应急指挥中心启动应急指令或调度管辖范围内配电网、自动化系统出现严重故障时，调控机构应启动应急处置预案，并按照相关规定向上级调度和应急领导小组报告。当应急结束时，应及时报告，并执行解除应急状态的指令。

（5）应建立健全备调管理相关制度、工作机制和应急预案，确保主、备调技术支持系统保持同步运行、信息一致，储备必要的备品备件并定期测试，技术资料及时更新。加强人员培训和切换演练，在主调失效的突发情况下，应采取一切可能的措施，尽快启用备调，恢复对配电网的调度指挥。

（6）每月组织开展反事故演习、技术培训，定期组织相关专业人员、厂站运行人员进行应急演练。每年结合大面积停电等突发事件演练，组织开展“无脚本”联合反事故演习，并网电厂应按要求参加演习。演习后应及时进行分析和总结，进一步强化并提高突发事件应急处置能力。

（7）根据重要活动保供电要求，制定和调整保供电期间配电网运行方式，编制相应的调度应急处置预案。保供电期间发生电力故障，在保供电领导小组的指挥下，开展应急处置。

（8）依托技术支撑手段，及时更新各类应急信息，定时编制配电网调度应急信息报告，提高应急信息报送效率。

23. 并入电力系统的各类发电厂、变电站应遵循哪些调控管理要求？

答：（1）凡需并入电力系统的各类发电厂、变电站，不论其投资主体或产权归属，均应遵照《中华人民共和国电力法》《电网调度管理条例》等法律、法规的规定，在并网前必须向电网企业提出并网申请，应依法签订并网调度协议、高压双电源调度协议，并严格履行并网相关调度协议。

（2）凡已并入电网的各类发电厂、变电站的运行值班人员，必须服从电网统一管理和统一调度，严守调度纪律，服从调度指挥。

（3）并入电网的各类发电厂、变电站的运行值班人员联系调度业务或接受调度指令时，必须报单位、姓名，并使用普通话和统一的术语，严格执行发令、复诵、监护、汇报、录音和记录等制度。

（4）凡属调度管辖或许可的设备，未经值班调控员的指令或许可，各有关单位的运行、检修人员，均不得擅自进行操作或改变设备原有状态。但经判断对人身或设备安全确有严重威胁时，现场值班员可根据现场事故处理规程边处理、边汇报值班调控员。

（5）值班调控员发布的调度操作指令，客户变电站（发电厂）、变电站值班人员必须立即执行。值班调控员应对其所发调度操作指令的正确性负责，各级调度联系对象应对汇报内容的正确性负责。一切调度指令，是以调度下达指令时开始至操作人员执行完毕并汇报值班调控员后，指令才算全部完成。调度管辖、调度许可的设备，严禁约时停送电。

24. 客户供电信息变更后应履行哪些手续？

答：当客户供电信息变更后，应及时通知客户；当单电源重要客户名称、联系电话以及双电源客户名称、值班员名单、联系电话变更时，营销部门应及时报调度备案，必要时双电源客户还需重新修订双电源协议。

25. 客户工程竣工要接入系统运行时，需提供什么资料？

答：客户工程竣工要接入系统运行时，需由营销部门提前向调控中心书面提供如下资料，经审签后方可送电。

（1）新设备验收合格报告；

（2）用户设备参数及电气接线图、新设备投运单等相关资料，必要时需提供《供用电合同》；

（3）客户变电站联系电话，双电源客户变电站还需提供值班人员的名单；

（4）若需停电搭接时，需提出有关的停电申请。

26. 客户变电站内凡属调度管辖（许可）的设备检修有哪些要求？

答：客户变电站内凡属调度管辖（许可）的设备检修，一律要办理停电申请手续。尤其客户在进线电源设备上进行检修工作（包括配合电源线路停电的检修工作），除办理停电申请手续外，工作前还必须得到值班调控员工作许可，方可开始工作。客户工作完毕必须将自己所做的接地装置拆除，并及时向值班调控员汇报竣工，不得影响线路正常送电。

27. 发生故障后，发电厂或客户变电站值班人员应如何处置？

答：高压客户内部故障造成进线电源失电，值班员应迅速向值班调控员汇报，听候处理。客户内部故障修复送电应得到营销部门同意。各发电厂、客户变电站非调度管辖及许可设备发生事故时，由各站值班员自行处理，并及时汇报所管辖调控机构。

如客户设备发生故障，引起线路跳闸（或单相接地），相关单位值班人员应及时主动向值班调控员如实报告，配合值班调控员尽快恢复线路送电。

因客户值班人员误操作引起线路跳闸，值班人员必须立刻向值班调控员如实报告。值班调控员在无法确认该客户是否具备送电条件前，有权不对该客户恢复供电。

28. 配电网设备带电作业调度管理有哪些要求？

答：（1）凡属调控机构管辖和许可的设备带电作业，均需列入计划管理。带电作业只允许进行已申请的作业项目，不得自行增加或改变项目。

（2）带电作业应在良好天气情况、正常运行方式或作必要的运行方式调整后进行，在系统运行方式比较薄弱的情况下、重要保供电及节日运行方式下，不宜进行带电作业。

（3）带电作业工作负责人在带电作业工作开始前，应与值班调控员联系。需要停用重合闸的，应向值班调控员履行许可手续。能遥控操作时由值班调控员遥控操作，无法遥控时由值班调控员发令，变电运维人员现场操作。带电作业结束后应及时向值班调控员汇报。带电作业过程中如设备突然停电，作业人员应视设备仍然带电。工作负责人应尽快与值班调控员联系，值班调控员未与工作负责人取得联系前不得强送电。

第三章　配电网方式计划管理

（一）基础篇

1. 什么是配电网方式计划？

答：配电网方式计划是指根据配电网运行检修，新（改、扩）建工程或业扩工程需要，按照有关标准和规定，供电企业所属各级调控机构对于现在及未来一定时期内配电网运行方式及调度计划的安排。

2. 配电网年度运行方式编制原则是什么？

答：配电网年度运行方式编制应以保障电网安全、优质、经济运行为前提，充分考虑电网、客户、电源等多方因素，以方式计算校核结果为数据基础，对配电网上一年度运行情况进行总结，对下一年度配电网运行方式进行分析并提出措施和建议，从而保证配电网年度运行方式的科学性、合理性、前瞻性。

3. 配电网年度运行方式编制要求有哪些？

答：（1）应提前组织规划、建设、营销、运检等相关部门开展技术收资工作，保证年度方式分析结果准确。

（2）对于具备负荷转供能力的接线方式，应充分考虑配电网发生 N–1 故障时的设备承载能力，并满足所属供电区域的供电安全水平和可靠性要求。

（3）应核对配电网设备安全电流，确保设备负载不超过规定限额。

（4）短路容量不超过各运行设备规定的限额。

（5）配电网的电能质量应符合国家标准的要求。

（6）配电网继电保护和安全自动装置应能按预定的配合要求正确、可靠动作。

（7）配电网接入分布式电源时，应做好适应性分析。

（8）配电网运行方式应与上级电网运行方式协调配合，具备各层次电网间的负荷转移和相互支援能力，保障可靠供电，提高运行效率。

（9）各电压等级配电网无功电压运行应符合相关规定的要求。

（10）配电网年度方式应与主网年度方式同时编制完成并印发，应对上一年配电网年度方式提出的问题、建议和措施进行回顾分析，完成后评估工作。

4. 配电网设备命名管理的工作要求有哪些？

答：（1）新设备启动投运前 2 个月，工程主管部门应按照新设备命名相关规定要求，向相关调度提供新设备命名技术资料。

（2）在收到工程主管部门提供的新设备命名资料后1个月内，由调度编制新设备调度管辖范围划分及相关一、二次设备调度命名，经县级供电企业有关部门会签和分管领导批准后正式颁发。

（3）自动化运维班在新设备投运前，根据正式调度命名及时更新维护相关自动化支持系统，确保技术支持系统中新设备命名正确、规范、唯一。

5. 配电网备自投方式选择有何要求？

答：（1）双母线接线、单母线分段接线方式，两回进线分供母线，母联/分段开关热备用，备自投可启用母联/分段备自投方式。

（2）单母线接线方式，一回进线供母线，其余进线开关热备用，备自投可启用线路备自投方式。

（3）内桥接线、扩大内桥接线方式，两回进线分供母线，桥开关热备用，备自投可启用桥备自投方式。

（4）在一回进线存在危险点（源），可能影响供电可靠性的情况下，其变电站全部负荷可临时调至另一条进线供电，启用线路备自投方式。待危险点（源）消除后，变电站恢复正常备自投方式。

（5）具备条件的开关站、配电室、环网单元，宜设置备自投，提高供电可靠性。

6. 保证配电网线路负荷和供电节点均衡有哪些要求？

答：及时调整配电网运行方式，使各相关联络线路的负荷分配基本平衡，且满足线路安全载流量的要求，线路运行电流应充分考虑转移负荷裕度要求；单条线路所带的配电站或开关站数量应基本均衡，避免主干线路供电节点过多，保证线路供电半径最优。

7. 配电网电压与无功平衡有哪些基本要求？

答：（1）系统的运行电压，按照分层分区、就地平衡的无功电压管理基本原则并应考虑电气设备安全运行和电网安全稳定运行的要求。应通过AVC等控制手段，确保电压和功率因数在允许范围内。

（2）应尽量减少配电网不同电压等级间无功流动，应尽量避免向主网倒送无功。

8. 配电网固定联络开关点的选择有什么要求？

答：（1）原则上由运维部门和营销部门根据配电网一次结构共同确定主干线和固定联络开关点。

（2）优先选择交通便利，且属于供电公司资产的设备，无特殊原因不将联络点设置在用户设备，避免转供电操作耗费不必要的时间；对架空线路，应使用柱上开关，严禁使用单一刀闸作为线路联络点，规避操作风险；联络点优先选择具备遥控功能的开关，利于调度台端对设备的遥控操作。

（3）因特殊原因，主干线和固定联络开关点发生变更，调度部门应及时与运维部门和营销部门重新确定主干线和联络开关点。

9. 配电网分区供电有什么特点和要求？

答：配电网应根据上级变电站的布点、负荷密度和运行管理需要，划分成若干相对独立的分区配电网，分区配电网供电范围应清晰，不宜交叉和重叠，相邻分区间应具备适当联络通道。分区的划分应随着电网结构、负荷的变化适时调整。

10. 变电站间配电网联络线正常运行方式一般如何安排？

答：变电站间联络线正常方式时一侧运行，一侧热备用，以便于及时转供负荷、保证供电可靠性。

11. 配电网转供线路的选择有什么要求？

答：配电网线路由其他线路转供，如存在多种转供路径，应优先采用转供线路线况好、合环潮流小、便于运行操作、供电可靠性高的方式，方式调整时应注意继电保护的适应性。

12. 配电网线路转供方式下保护应如何调整？

答：拉手线路通过线路联络开关转供负荷时，应考虑相关线路保护定值调整。外来电源通过变电站母线转供其他出线时，应考虑电源侧保护定值调整，被转供的线路重合闸停用、联络线开关进线保护及重合闸停用。

13. 配电网调度计划编制原则是什么？

答：（1）月度计划以年度计划为依据，日前计划以月度计划为依据。

（2）配电网建设改造、检修消缺、业扩工程等涉及地域范围内配电网停电或启动送电的工作，均需列入配电网调度计划。

（3）配电网设备调度计划应按照“下级服从上级、局部服从整体”的原则，综合考虑设备运行工况、重要客户用电需求和业扩报装等因素，坚持一停多用，合理编制调度计划，主配电网停电计划协同，减少重复停电，确保配电网安全运行和客户可靠供电。

（4）在夏（冬）季用电高峰期及重要保电期，原则上不安排配电网设备计划停电。

（5）配电网计划停电应最大限度减少对客户供电影响，尽量避免安排在生活用电高峰时段停电。

14. 配电网调度计划编制有哪些要求？

答：（1）配电网年度计划是停电工作开展的基础，运检部门、营销部门应综合考虑全年新（改、扩）建工程、业扩报装工程编制年度检修计划，由调控机构进行综合平衡并于年底之前发布。

（2）调控机构应每月组织召开调度计划平衡会，相关部门（单位）应按要求提前向调控机构报送配电网设备停电检修、启动送电计划。月度计划确定后以公文形式印发。

（3）调控机构应依据月度停电计划开展日前停电计划管理工作，批复相关单位检修申请，并进行日前方式安排。

（4）配电网调度计划应明确计划停送电时间、计划工作时间、停电范围、工作内容和检修方式安排等内容，并按照工作量严格核定工作时间。

（5）应综合考虑客户用电需求和调度停电计划，做到客户检修计划与本单位调度计划同步，减少重复停电。

（6）配电网新（改、扩）建工程和业扩报装停送电方案必须经调控机构审查后，相关设备停电工作方可列入年（月）度停电计划。

（7）上级输变电设备停电需配电网设备配合停电的，即使配电网设备确无相关工作，也应列入配电网调度计划。

15. 调度计划的执行与变更有哪些要求？

答：（1）配电网月度计划应刚性执行。原则上不得随意变更，如确需变更的，应提前完成变更手续，并经地市供电企业分管领导批准。

（2）运检部门、营销部门应跟踪、督促物资及施工准备情况，在停电计划执行之前完成相关准备工作。

（3）计划停电工作，相关部门应在开工前3个工作日，向调控机构提交设备停电申请票。

（4）设备运检部门应严格按照调度计划批准的停电范围、工作内容、停电工期严格执行，不得擅自更改。

（5）未纳入月度停电计划的设备有临时停电需求时，相关部门（单位）应提前完成临时停电审批手续，并经分管领导批准。

（6）因客户、天气等因素未按计划实施的项目，原则上需取消该停电计划，另行履行调度计划签批手续。

（7）已开工的设备停电工作因故不能按期竣工的，原则上应终止工作，恢复送电。如确实无法恢复，应在工期未过半前向调控机构申请办理延期手续，不得擅自延期。

16. 评价配电网调度计划执行情况的指标主要有哪些？

答：配电网调度计划执行情况指标主要包括年度重复停电率、月度调度计划执行率、月度临时计划率和日计划检修申请按时完成率。

17. 配电网设备检修计划分为哪几类？

答：检修计划主要分为年度综合检修计划、月度检修计划、周检修计划和临时检修计划四类，其中：

年度综合检修计划应根据状态检修年度计划和省公司批复的配网大修计划，结合反措、基建、市政、技改工程等停电时间的要求编制。月度检修计划应根据年度综合检修计划编制。周检修计划应根据月度检修计划和设备消缺工作要求编制。临时检修计划应根据设备缺陷隐患排查工作要求编制。

（二）提高篇

18. 线路检修的运行方式安排有哪些要求？

答：（1）为保证供电可靠性，线路检修工作优先考虑带电作业。需停电的工作应尽可能减少停电范围，对于无工作线路段可通过其他线路转供方式，并应在检修工作结束后及时恢复正常方式。

（2）不停电线路段由对侧带供时，应考虑对侧线路保护的全线灵敏性，必要时调整保护定值。

（3）上级电网中双线供电（或高压侧双母线）的变电站，当一条线路（或一段母线）停电检修时，在负荷允许的情况下，优先考虑负荷全部由另一回线路（或另一段母线）供电，遇有高危双电源客户供电情况，应尽量通过调整变电站低压侧供电方式，确保该类客户双电源供电。

19. 变电站主变检修的运行方式安排有哪些要求？

答：上级电网中两台及以上主变（或低压侧为双母线）的变电站当一台主变检修（或一段母线停电检修）时，在负荷允许的情况下，优先考虑负荷全部由另一台主变供电。遇有高危双电源客户供电情况，应尽量通过调整供电方式，确保该类客户双电源供电。

20. 变电站全站检修的运行方式安排有哪些要求？

答：（1）上级电网中变电站全停时，需将该站负荷尽可能通过低压侧移出，如遇负荷转移困难的，可考虑临时供电方案，确无办法需停电的应在月度调度计划上明确停电线路名称及范围。

（2）变电站全停检修时，应采取合理措施保证站用电的可靠供电。

21. 检修调电操作的运行方式安排有哪些要求？

答：进行调电操作应先了解上级电网运行方式后进行，必须确保合环后潮流的变化不超过继电保护、设备容量等方面的限额，同时应避免带供线路过长、负荷过重造成线路末端电压下降较大的情况。

22. 事故情况下运行方式安排应注意哪些方面？

答：（1）上级电网中双线供电（或高压侧双母线）的变电站，当一条线路（或一段母线）故障时，在负荷允许的情况下，优先考虑负荷全部由另一回线路（或另一段母线）供电，并尽可能兼顾双电源客户的供电可靠性。

（2）上级电网中有两台及以上变压器（或低压侧为双母线）的变电站当一台变压器故障时，在负荷允许的情况下，优先考虑负荷在站内转移，并尽可能兼顾双电源客户的供电可靠性。

（3）故障处理应充分利用配电自动化系统，对于故障点已明确的，可立即通过遥控操作隔离故障点，并恢复非故障段供电，恢复非故障段供电时也应优先考虑可以遥控调电的电源。

（4）因事故造成变电站全停时，优先恢复所用电。

（5）线路故障在故障点已隔离的情况下，尽快恢复非故障段供电。转供时应避免带供线路及上级变压器过负荷的情况。

23. 新设备启动安排有哪些要求？

答：（1）配电网设备新（改、扩）建工程投产前，应由运检部门提前向调控机构报送投产资料，资料应包括设备的相关参数、设备异动的电气连接关系等内容。

（2）业扩报装工程投产前，应由营销部门提前向调控机构报送投产资料，资料应包括设备的相关参数、设备异动的电气连接关系等内容。

（3）为处置配电网设备危急缺陷，更换相关设备的工作，运检部门应在设备投产后2日内向调控机构补报投产资料，完善相关流程。

（4）调控机构应综合考虑系统运行可靠性、故障影响范围、继电保护配合等因素，开展启动方案编制工作。

（5）调控机构依据投产资料编写启动方案，启动方案应包括启动范围、定（核）相、启动条件、预定启动时间、启动步骤、继电保护要求等内容。

（6）运检部门和营销部门应分别负责组织供电企业所属设备和客户资产设备验收调试和启动方案的准备工作，确保启动方案顺利执行。

（7）新设备启动过程中，如需对启动方案进行变更，必须经调控机构同意，现场和其他部门不得擅自变更。

24. 新设备启动前应具备什么条件？

答：（1）该工程已全部按照设计要求安装，调试完毕、具备投运条件，验收质检（包括主设备、继电保护及安全自动装置、电力通信、调度自动化设备等）已经结束，质量符合安全运行要求，且新设备投运手续齐全。

（2）现场生产准备工作就绪。

（3）现场具备启动条件，且调度关系已明确。

（4）相关合同、技术管理协议等已经签订。

25. 在新设备投入运行前，调控机构应做好什么工作？

答：在新设备投入运行前，调控机构应做好以下工作：

（1）修改相关自动化系统画面及有关图表。

（2）修改调度接线图。

（3）修改继电保护及安全自动装置定值配置。

（4）健全设备资料档案。

（5）修改有关调控运行规定或说明。

（6）有关人员应熟悉现场设备及规程、图纸资料、运行方式，并做好事故预想。

（7）其他与新设备投运有关的内容。

26. 什么情况应办理新设备投入运行申请手续？

答：以下情况应办理新设备投入运行申请手续，并报调控机构：

（1）新接入系统运行设备（包括新建、扩建、改建）。

（2）改变系统主接线或变更高压设备安装地点。

（3）新装高压电力客户或原有高压电力客户增容、扩建或改变电源。

（4）已经退役的设备重新恢复运行。

27. 断路器启动原则是什么？

答：（1）用外来电源（或本侧电源）对断路器冲击一次，冲击侧应有可靠的一级保护，新断路器非冲击侧与系统应有明显断开点。

（2）必要时需对断路器相关保护做带负荷试验。

（3）新线路断路器需先行启动时，可将该断路器的出线搭头拆开，使该断路器作为母联或馈电断路器运行，做带负荷试验。

28. 线路启动原则是什么？

答：（1）用老断路器对新线路冲击三次（老线改造可只冲击一次），冲击侧应有可靠的两级保护。

（2）冲击正常后必须做核相试验，新线路两侧（联络线时）的保护及母差保护需做带负荷试验。

29. 母线启动原则是什么？

答：（1）用外来（或本侧）电源对母线冲击一次，冲击侧应有可靠的一级保护。

（2）冲击正常后新母线电压互感器必须做核相试验。

（3）老母线扩建延长，宜采用母联（分段）开关充电保护对新母线进行冲击。

30. 变压器启动原则是什么？

答：（1）对新变压器冲击5次，冲击侧电源宜选用外来电源；条件允许时宜采用两只断路器串供，冲击侧有可靠的两级保护。

（2）冲击过程中，新变压器各侧中性点均应直接接地，所有保护均应启用，方向元件短接退出。

（3）冲击新变压器时，保护定值应考虑变压器励磁涌流的影响。

（4）冲击正常后，新变压器中、低压侧必须核相，变压器保护、母差保护需做带负荷试验。

31. 电流互感器启动原则是什么？

答：（1）电流互感器启动优先考虑用外来电源冲击一次，冲击侧应有可靠的一级保护，新电流互感器非冲击侧与系统应有明显断开点。

（2）若用本侧母联（分段）断路器对新电流互感器冲击一次时，应启用母联（分段）充电保护。

（3）冲击正常后，相关保护需做带负荷试验。

32. 电压互感器启动原则是什么？

答：（1）优先考虑用外来电源对新电压互感器冲击一次时，冲击侧应有可靠的一级保护。

（2）若用本侧母联（分段）断路器对新电压互感器冲击一次时，应启用母联（分段）充电保护。

（3）冲击正常后，新电压互感器二次侧必须核相。

33. 调度计划安全校核及风险防控有哪些要求？

答：调控机构应根据配电网调度计划，做好电网安全校核，完善电网安全控制措施和故障处置预案。对可能构成《国家电网公司安全事故调查规程》规定七级及以上电网事件的设备停电计划，应采取措施降低事故风险等级。

34. 如何开展配电网风险分析与预控工作？

答：配电网风险分析与预控工作应按以下要求开展：

（1）调控机构根据下达的检修计划、上级调控机构风险预警书相关要求，对所辖配电网进行风险评估，编制风险评估表。

（2）根据风险评估表编制相应的电网风险预警通知书，并经相关部门会签、分管领导签发后下发至相关单位部门及领导，落实风险预控措施，及时做好相应应急预案。

（3）调控、安监、运检、发展、营销等职能管理部门，建立健全风险控制措施落实情况的监督检查机制，对风险控制措施执行情况进行检查与考核。

第四章　配电网运行操作

（一）基础篇

1. 配电网运行操作中的“两票三制”是什么？

答：两票是：工作票、操作票。三制是：交接班制、巡回检查制、设备定期试验与轮换制。

2. 配电网调控员的调度联系对象包括哪些？

答：值班调控员的调度联系对象包括调度管辖范围内的运维值班人员、发电厂值班员、经各级供电公司批准的有关人员以及客户变电站值班人员。调度管辖范围内的联系对象在正式上岗前必须经过电力调控管理知识培训，考试合格后方可持证上岗。

3. 发布和接受调度操作指令时有何要求？

答：在发布和接受调度操作指令前，双方必须互报单位及姓名，严格执行发令、复诵、监护、录音、汇报和记录制度，并使用普通话、规范的调度术语和设备双重名称，发令和受令双方应明确发令时间和完成时间以表示操作的始终。没有发令时间，接令方不得进行操作；没有完成时间，发令方不得进行后项的有关操作。

4. 操作指令模式分哪几种，并分别简述其特点？

答：值班调控员发布操作指令的形式有综合操作指令、单项或逐项操作指令。

（1）综合操作指令是指值班调控员仅对一个单位下达的而不需要其他单位协同进行的综合操作指令，具体操作项目、顺序由现场运维人员按现场运规典票拟写操作任务书。

（2）单项操作指令是指值班调控员发布的仅对一个单位下达的单一操作指令。

（3）逐项操作指令是指值班调控员按操作任务顺序逐项下达，受令单位按指令的顺序逐项执行的操作指令。

5. 如果配电网调度联系对象认为调度指令不正确，应如何处置？

答：如果配电网调度联系对象接令人认为所接受的调度指令不正确时，应当立即向发布该调度指令的值班调控员报告并说明理由，由发令的值班调控员决定该调度指令的执行或者撤销；如果发令值班调控员重复该调度指令时，接令值班人员必须执行；如对值班调控员的指令不理解或有疑问时，必须询问清楚后再执行；若执行该调度指令将危及人身、电网或设备安全时，接令人应当拒绝执行，同时将拒绝执行的理由及改正指令内容的建议报告发令的值班调控员和本单位直接领导。如有无故拖延、拒绝执行调度指令，破坏调度纪律，有意虚报或隐瞒情况的现象发生，将追究相关人员责任，严肃处理。

6. 值班调控员发布操作指令有哪些规范和要点？

答：（1）值班调控员应根据调度典型操作任务发布操作指令。不论采用何种发令形式，都应使现场值班人员理解该项操作任务目的与要求，必要时提出注意事项。

（2）为了保证配电网操作的正确性，值班调控员对所有计划操作均应先拟写操作指令票，进行调度联系和发布调度指令时，应做好记录及断路器（隔离开关）置位、挂摘牌等，并进行录音。事故处理时允许不拟写指令票，但需严格执行发令、监护、复诵、录音并做好记录等。

（3）下达和接受调度指令时，要严格使用调度术语，互报单位和姓名。

（4）值班调控员发布调度指令，操作人员复诵正确后，必须给出“发令时间”。“发令时间”是值班调控员正式发布调度指令的依据，操作人员没有接到“发令时间”不得进行操作；操作人员完成操作任务后，应立即向值班调控员汇报操作内容及完成情况，待值班调控员复诵正确后，汇报“结束时间”，“结束时间”是调度指令操作执行完毕的依据。

7. 配电网调控操作过程中对配电网图形有何要求？

答：（1）在配电网调控操作过程中，值班调控员应根据现场汇报信息，及时对配电网接线图中断路器（隔离开关）置位及挂、摘牌等信息进行核对检查，确保设备状态与现场实际保持一致。

（2）复役操作前，值班调控员应根据设备停役申请、新设备投运申请执行情况，完成配电网接线图调度审核更新。

8. 值班调控员发布操作许可令有哪些规范和要点？

答：（1）值班调控员根据调度联系对象相关人员的操作要求，采用操作许可方式将属于调度管辖范围内的设备停（复）役操作，并对操作许可指令及设备状态正确性负责，不许可检修工作；检修工作由提出操作相关人员负责许可，并对检修工作内容正确性负责。

（2）值班调控员进行操作许可，仅需指明待操作设备的最终状态，待操作人员复诵正确后，发出“许可时间”。“许可时间”是值班调控员操作许可的依据，操作人员没有接到“许可时间”不得进行操作；操作人员完成操作任务后，应立即向值班调控员汇报操作内容及完成情况，待调控员复诵正确后，汇报“结束时间”。“结束时间”是该项操作许可指令执行完毕的依据。

（3）操作人员应根据值班调控员许可执行相应的操作，并对操作的正确性、工作的安全性负责。操作完毕后，操作人员向值班调控员汇报“××设备已改为××状态”，双方应做好记录及断路器（隔离开关）置位、挂牌等。现场运维人员完成安全措施后，自行许可检修工作，并对检修工作内容正确性负责。

（4）检修完毕后，运维人员以“××设备检修工作结束，××设备具备复役条件”的形式向值班调控员汇报，并申请操作许可复役操作。值班调控员确认检修工作已完毕且电网运行方式允许后，按照操作许可设备复役，并做好记录及断路器（隔离开关）置位、摘牌等。

（5）操作人员应根据值班调控员许可执行相应的操作，并对操作的正确性负责。

（6）在设备停复役操作过程中，如遇该设备异常，操作人员应立即汇报值班调控员，由值班调控员决定是否收回操作许可，或者改为指令操作。设备异常处理完毕后，操作人员经汇报后，可以继续完成操作。

9. 配电网中设备的运行状态如何定义的？

答： 设备运行状态分为运行、热备用、冷备用、检修4种状态：

（1）运行状态是指断路器、隔离开关均在合闸位置的状态。

（2）热备用状态是指断路器在分闸位置、隔离开关处于合闸位置，断路器一经合闸设备即转入运行状态。

（3）冷备用状态是指断路器、隔离开关均在分闸位置。

（4）检修状态是指断路器、隔离开关均在分闸位置，设备的接地刀闸处于合闸（或装设接地线），并悬挂“设备检修，禁止合闸”的警示牌。

10. 根据设备的不同检修状态可以分为开关检修和线路检修，这两者如何定义？

答：（1）“线路检修”是指线路的断路器、母线（包括旁路母线）及线路侧隔离开关都在断开位置，如有线路电压互感器应将其刀闸拉开或取下高低压熔丝。线路接地刀闸在合上位置（或装设接地线），并取下该线路断路器的母差保护和失灵保护压板。

（2）“开关检修”是指断路器及其两侧隔离开关均拉开，断路器操作回路熔丝取下，断路器两侧或一侧合上接地刀闸（或装设接地线）。

11. 配电自动化设备典型状态有哪些，如何定义？

答： 结合配电网设备特点，为确保配电网自动化区域检修的安全，特对10kV开关站自动化开关的六种调度状态定义如下：

（1）运行：一次设备开关“合”位，开关三遥功能投运状态。

（2）热备用：一次设备开关“分”位，开关三遥功能投运状态。

（3）运行非自动：一次设备开关“合”位，开关遥控功能退出状态。

（4）热备用非自动：一次设备开关“分”位，开关遥控功能退出状态。

（5）冷备用：一次设备开关“分”位，刀闸“分”位，开关遥控功能退出状态。

（6）检修：一次设备开关“分”位，接地刀闸“合”位，开关遥控功能退出状态。

12. 配电自动化操作有哪两种形式？

答： 配电自动化操作包括远方操作和就地操作两种形式，值班监控员负责对管辖范围内已投运配电自动化开关设备实施远方遥控操作。

13. 值班调控员在进行系统设备操作时，应注意哪些事项？

答：（1）充分考虑系统运行方式、潮流、电压、短路容量、主变压器中性点接地方式、继电保护及安全自动装置、一次相位的正确性、雷季运行方式等方面的影响。

（2）明确操作目的，核对实际运行情况，发令人应经同值人员审核，必要时做好事故预想或指出需要注意的事项。

（3）在对调度管辖的设备发布操作指令时，如对其他调度管辖的系统有影响时，应在发布操作指令前通知有关调控机构值班人员。

（4）原则上新建、扩建、改建设备的投运，或检修后可能引起相序或相位错误的设备送电时，应核对相序、相位是否正确。

（5）操作后应及时更改自动化系统中相关设备的状态。

14. 值班调控员倒闸操作时有哪些基本要求？

答：（1）在倒闸操作前，值班调控员应充分考虑对电网运行方式、潮流、频率、电压、电网稳定、继电保护和安全自动装置、电网中性点接地方式、雷季运行方式、通信等方面的影响。

（2）值班调控员在操作前后均应核对调度自动化系统接线图，应保持调度自动化系统接线图与现场情况相符合。

（3）倒闸操作必须严格遵守规章制度，认真执行操作监护制，正确实现电气设备运行状态的改变和转换。

（4）为了保证倒闸操作的正确性，值班调控员对一切正常操作应先拟写指令票（事故处理时允许不填操作票，但需监护、发令、复诵、录音并做好记录）。

（5）条件允许时，一切重要供电区域的倒闸操作尽可能安排在负荷低谷时进行，以减少对电网和用户用电的影响。

15. 电网中的正常倒闸操作，应尽可能避免在哪些情况下进行？

答：（1）值班人员交接班时。

（2）电网接线极不正常时。

（3）电网高峰负荷时。

（4）雷雨、大风等恶劣气候时。

（5）联络线输送功率超过稳定限额时。

（6）电网发生事故时。

（7）其他有特殊要求时等。

16. 备用中的变压器有何规定？

答：备用中的变压器应定期充电，一般 3 个月充电一次，每次充电时间为 24h，需充电时，应由设备运维单位向调度机构提出。

17. 并列和解列操作有何基本要求？

答：两个电网进行同期并列时，应满足相序相同、频率相等、电压相等或偏差尽量小的条件。若调整困难，特别是事故时为了加速并列，允许频率差不超过 0.5Hz。

电网解列时，应先将解列点有功功率调整至零，电流调至最小，使解列后的两个电网频率、电压均在允许的范围内。

18. 什么是准同期并列？

答：准同期并列是将未投入系统的发电机加上励磁，并调节其电压和频率，在满足并列条件（即电压、频率、相位相同）时，将发电机投入系统。如果在理想情况下，使发电机的出口开关合闸，则在发电机定子回路中的环流将为零，这样不会产生电流和电磁力矩的冲击，这是准同期并列的最大优点。

19. 合环和解环操作有何基本要求？

答：合环操作时，必须保证合环点两侧相位相同，操作前应考虑合环点两侧的相角差和电压差，无电压、相角差，电压差一般允许在 20%以内，确保合环后各环节潮流的变化不超过继电保护、电网稳定和设备容量等方面的限额。对于比较复杂环网的合环操作应事先进行计算或试验。

解环操作，应先检查解环点的有功、无功潮流，确保解环后电网各部分电压在规定的范围内，各环节的潮流变化不超过继电保护、电网稳定和设备容量等方面的限额。

20. 断路器操作有哪些注意事项？

答：（1）断路器合闸前应检查继电保护已按规定投入，断路器合闸后，应检查电流、有功、无功表计指示及指示灯是否正常。

（2）当发现油断路器缺油、液压机构压力下降超过规定、空气开关的压缩空气压力不足以及 SF_6 断路器气体压力下降超过规定时，现场应将该断路器改非自动，禁止用该断路器切断负荷电流，并尽快处理。

（3）断路器操作时，若远控失灵，应根据现场规定进行近控操作。

21. 刀闸允许进行哪些操作？

答：允许用刀闸进行下列操作：

（1）在电网无接地时拉、合电压互感器；

（2）在无雷击时拉、合避雷器；

（3）拉、合电容电流不超过 5A 的空载线路；

（4）拉、合 35kV 及以下母线的充电电流；

（5）拉、合开关旁路刀闸的旁路电流（指与旁路开关并列运行，一般需将两开关同时改为运行非自动）；

（6）在没有接地故障时，拉、合变压器中性点接地刀闸。

22. 母线充电有哪些注意事项？

答：母线充电操作应注意以下4点：

（1）母线检修结束、复役时，尽量避免用隔离开关向不带电母线充电。如必须用隔离开关向不带电母线充电时，应检查母线绝缘必须良好。

（2）防止出现铁磁谐振或因母线三相对地电容不平衡而产生的过电压。

（3）用断路器向不带电的母线充电时，充电断路器必须投入快速保护。

（4）旁路母线的充电操作，一般利用旁路断路器进行充电，保护投入，重合闸停用。

23. 线路操作有哪些注意事项？

答：（1）对于线路改检修的操作，值班调控员只有在各侧均改为冷备用后，才可将各侧改为线路检修。对于不能确定冷备用状态的10（20）kV线路，应确认线路断路器（隔离开关）实际位置后再操作。

（2）新建或改建线路第一次送电时，尽可能以额定电压对线路进行冲击合闸，并经核相正确后方可投入电网运行。

（3）对于备用线路一般应保持在充电运行状态，即电源侧断路器运行，负荷侧断路器热备用（负荷侧无断路器只有隔离开关时，隔离开关应拉开）。

（4）有消弧线圈运行的配电网，当进行线路停役或复役操作时，应同时考虑消弧线圈分接头的调整操作（消弧线圈置“自动”位置除外）。

（5）线路送电时，应避免由发电厂侧先送电，充电断路器必须具备完整的继电保护（应有手动加速功能），并具有足够的灵敏度，同时必须考虑充电功率可能引起的电压波动或线路末端电压升高。

24. 线路停送电操作的顺序分别是什么？

答：线路停电时的操作顺序为：首先拉开断路器，然后断开线路侧隔离开关，再断开母线侧隔离开关；线路送电时的操作顺序为：首先合上母线侧隔离开关，然后合上线路侧隔离开关，最后合上断路器。

25. 配电变压器停送电操作的原则是什么？

答：（1）凡属供电企业管辖的配电变压器（包括已运行和新建配电变压器）停送电操作应由设备运维人员按调度指令执行。

（2）在故障处理时，设备运维人员可对变压器进行停电处理，应及时通知值班调控员，值班调控员应做好相关记录，但送电操作应由设备运维人员按调度指令执行。

（3）变压器停电操作顺序为先停低压侧，后停高压侧，送电操作顺序为先送高压侧，后送低压侧。

（4）变压器停送电操作应由两人进行，一人操作，一人监护。

（5）操作时，必须使用绝缘手套以及合格的绝缘棒，操作人员应戴安全帽。雨天操作应穿绝缘靴并使用有防雨罩的绝缘棒。

26. 变压器并列运行的条件有哪些？

答：变压器并列运行时需满足联结组别相同、电压比相同、短路电压相等（指铭牌值）。对于电压比和短路电压不同的变压器，通过计算，任一台变压器都不会过负荷的情况下，可以并列运行。

27. 向空载变压器充电时，应注意什么？

答：（1）充电断路器应有完备的继电保护，并有足够的灵敏度，同时应考虑励磁涌流对系统继电保护的影响。

（2）充电前应检查电源电压，使充电的变压器各侧电压不超过相应分接头电压的5%。

28. 变压器中性点接地刀闸切换原则是什么？

答：为了防止操作过电压而损坏变压器，要求电网不失去中性点，因此变压器中性点接地刀闸切换时应采用先合后拉的操作方式，即先合上备用变压器的中性点接地刀闸，再拉开工作变压器的中性点接地刀闸，同时应将零序保护切换至中性点接地的变压器。

29. 配电网运行监视内容主要有哪些？

答：监视内容主要包括变电所的母线电压和主变压器功率因数、主变压器负载、油温、线路负载、直流电压、所用电电压、断路器、隔离开关对位情况、光字牌变化以及各种运行报警信息、设备异常和事故记录等。

30. 配电自动化开关的操作有哪些注意事项？

答：（1）配电自动化开关的检修操作，值班调度员应充分考虑开关状态及来电可能，应将对侧开关改为冷备用或热备用非自动（自动化功能闭锁）状态，方能将本侧开关操作至检修状态，同时调度员应及时在配电网接线图上及时挂牌。线路停役过程中严禁线路一侧为热备用（自动化功能投入）状态，另一侧直接改到检修状态。

（2）工作结束后，设备运维人员应与值班调度员核对设备相关信息及自动化设备状态正常后，方可进行操作。线路复役过程中严禁线路一侧为检修状态，另一侧直接改到热备用（自动化功能投入）状态。

（3）新建、扩建和改建配电设备冲击时，应优先采用遥控手段；核相点设置在自动化开关时，应将核相开关自动化功能退出，待核相正确后方能将自动化功能投入。

31. 可由调控员进行遥控操作的操作项目包括哪些？

答：（1）拉合断路器的单一操作。

（2）调节有载调压变压器分接开关。

（3）远方投切电容器、电抗器。

（4）远方投切具备遥控条件的继电保护及安全自动装置软压板。

（5）紧急情况下，根据调度指令进行断路器遥控操作。

32. 值班调控员遥控操作前，应做好哪些准备？

答：（1）核对当时的运行方式。

（2）考虑操作过程中的危险点预控措施。

（3）对操作有疑问时，应及时向正值调控员（调控值班长）提出。

（4）宜通知相关运维站（班）值班人员。

33. 如何判断遥控操作是否成功？

答：在进行遥控操作后，应通过监控系统检查设备的状态指示、遥测、遥信信号的变化。应有两个及以上的指示同时发生对应变化，才能确认该设备已操作到位。若调控员对遥控操作结果有疑问，应查明情况，必要时应通知现场运维人员核对设备状态。

34. 在哪些情况下不得进行遥控操作？

答：（1）设备未通过遥控验收；

（2）设备存在缺陷或异常不允许进行遥控操作时，如：控制回路故障、断路器或操动机构压力闭锁、操动机构电源异常或故障、操作断路器的监控信息与实际不符等；

（3）设备正在进行检修时（遥控验收除外）；

（4）自动化系统或通信系统异常影响设备遥控操作时；

（5）有操作人员巡视或有人工作时。

35. 造成配电网电压过低的主要因素有哪些？

答：造成配电网电压过低的主要因素有无功补偿不足、供电半径过大、变压器电压分接头位置偏低等。

36. 系统电压调整的常用方法有哪几种？

答：系统电压的调整应根据系统的具体要求，在不同的厂站，采用不同的方法，常用的电压调整方法有以下5种：

（1）增减无功功率进行调压，如发电机、调相机、并联电容器、并联电抗器调压。

（2）改变有功功率和无功功率的分布进行调压，如调压变压器、改变变压器分接头调压。

（3）改变网络参数进行调压，如串联电容器、投停并列运行变压器、投停空载或轻载高压线路调压。

（4）通过静止无功补偿器调压。

（5）特殊情况下调整负荷的方法调整电压。

37. 电压调整的方式有几种？内容分别是什么？

答：电压调整方式一般有逆调压方式、恒调压方式和顺调压方式3种。

（1）逆调压是指在电压允许偏差范围内，供电电压的调整使电网高峰负荷时的电压值高于低谷负荷时的电压值，使用户的电压在电网负荷高峰、低谷相对稳定。

（2）恒调压是指如负荷变动较小，线路上的电压损耗也较小，则只要把中枢点的电压保持在比线路额定电压高 2%～5%的数值，即不必随负荷变化来调整中枢点电压即可保证负荷点的电压质量。

（3）顺调压是指在电压允许偏差值范围内，通过对供电电压的调整，使电网高峰负荷时的电压值低于低谷负荷时的电压值。

38. 配电网中对电容器运行有哪些要求？

答：（1）电容器运行中电流不应长时间超过电容器额定电流的 1.3 倍；电压不应长时间超过电容器额定电压的 1.1 倍。

（2）电容器开关的拉开和合上的间隔时间不少于 5min。

（3）电容器开关因保护动作（欠压保护除外）跳闸，或电容器本身熔丝熔断，应查明原因进行处理后方可送电。

（4）当电容器的温度超过现场规定时，值班员应采取降温措施；如无效果，应将电容器停止运行。

39. 架空绝缘导线作业的一般规定有哪些？

答：（1）架空绝缘导线不得视为绝缘设备，作业人员或非绝缘工器具、材料不得直接接触或接近。架空绝缘导线与裸导线线路的作业安全要求相同。

（2）禁止作业人员穿越未停电接地或未采取隔离措施的绝缘导线进行工作。

（3）在停电检修作业中，开断或接入绝缘导线前，应做好防感应电安全措施。

40. 电缆运行有何规定？

答：电缆线路原则上不允许过负荷，即使在事故处理中出现过负荷，调控员应尽快将电流恢复至允许值以下。当电缆过负荷时，如调控员已无法转移负荷，则应迅速通知营销部门控制负荷。电缆线路停用（或备用）超过一周，投运前应进行充电一次。超过一周不满一月时，投运前应测量绝缘电阻是否合格；超过一月时，须经试验合格方能投运。

41. 设备缺陷的分类原则是什么，各类缺陷对缺陷消除有何规定？

答：设备缺陷分为三类：

一般缺陷：设备本身及周围环境出现不正常情况，一般不影响设备的安全运行的缺陷。

严重缺陷：设备处于异常状态，可能发展为事故，但设备仍可在一定时间内继续运行，须加强监视的缺陷。

危急缺陷：严重威胁设备的安全运行，如不及时处理，随时有可能导致事故的发生，必须尽快消除或采取必要的安全技术措施进行处理的缺陷。

危急缺陷消除时间不得超过 24h，严重缺陷应在 1 个月内消除，一般缺陷可结合检修计划尽早消除，但应处于可控状态。设备带缺陷运行期间，运行单位应加强监视，必要时制定相应应急措施。

（二）提高篇

42. 配电网中在变压器中性点装设消弧线圈的目的是什么？消弧线圈有哪几种补偿方式？

答： 配电网在变压器中性点装设消弧线圈的目的是利用消弧线圈的感性电流补偿接地故障时的容性电流，使接地故障电流减少。通常这种补偿有三种不同的运行方式，即欠补偿、全补偿和过补偿。

（1）欠补偿。补偿后电感电流小于电容电流，或者说补偿的感抗大于线路容抗，电网以欠补偿的方式运行。

（2）全补偿。补偿后电感电流等于电容电流，或者说补偿的感抗等于线路容抗，电网以全补偿的方式运行（实际此方式电网处于谐振状态，不能正常运行）。

（3）过补偿。补偿后电感电流大于电容电流，或者说补偿的感抗小于线路容抗，电网以过补偿的方式运行。

43. 消弧线圈操作有哪些注意事项？

答：（1）消弧线圈装置运行中从一台变压器的中性点切换到另一台时，必须先将消弧线圈断开后再切换。不得将两台变压器的中性点同时接到一台消弧线圈上。

（2）主变压器和消弧线圈装置一起停电时，应先拉开消弧线圈的隔离开关，再停主变压器，送电时相反。

（3）系统中发生单相接地时，禁止操作或手动调节该段母线上的消弧线圈。

44. 铁磁谐振过电压现象是什么？消除方法有哪些？

答： 谐振回路由带铁芯的电感元件（如空载变压器、电压互感器）和系统的电容器元件组成。因铁芯电感元件的饱和现象，使回路的电感参数是非线性的，这种含有非线性电感元件的回路满足一定的谐振条件时，会产生电磁谐振。铁磁谐振过电压的现象为三相电压不平衡、一相或两相电压升高超过线电压。

消除方法为改变系统参数，具体操作如下：

（1）断开充电断路器。

（2）投入母线上的线路。

（3）投入母线。

（4）投入母线上的备用变压器或站用变压器。

（5）将电压互感器开口三角侧短接。

（6）投、切电容器或电抗器。

45. 什么是配电变压器的“三位一体”接地方式？为什么采用这种接地方式？

答： 配电变压器的“三位一体”接地方式是指保护配电变压器的避雷器与变压器低压侧中性点以及变压器外壳连接在一起共同接地的方式。

当变压器高压侧遭受雷击，避雷器放电时，变压器绝缘上所承受的电压即是避雷器的残压，而接地装置上的电压降并没有作用在变压器的绝缘上，这对变压器是有利的，能减少变压器高/低压绕组间和高压绕组对变压器外壳之间发生绝缘击穿的危险，因此普遍采用“三位一体”接地方式。

46. 配电变压器高/低压侧熔丝的选择原则是什么？

答：配电变压器高/低压侧熔丝的选择宜按照以下原则进行：

（1）容量在100kVA以下的配电变压器，其高压侧熔丝按2～3倍额定电流选择；容量在100kVA以上的配电变压器，其高压侧熔丝按1.5～2倍额定电流选择。考虑到熔丝的机械强度，一般高压熔丝的额定电流不小于10A。

（2）装在配电变压器高压侧的熔断器，应与供电线路的继电保护装置相互配合。熔丝的熔断时间应小于电源侧继电保护的动作时间。

（3）配电变压器低压侧熔丝可按配电变压器的额定电流或过负荷能力来选择，一般按过负荷20%选择。

（4）高、低压侧熔丝的选择，应保证低压侧短路时，低压侧熔丝先熔断，高压侧熔丝不熔断。

47. 哪些情况可以考虑采用单相配电变压器？

答：从技术经济性上看，单相配电变压器在负荷密度低、负荷分散等条件下具有一定优势，以下情况可考虑采用单相变压器：

（1）用户分散或者呈团簇式分布的区域，地形狭窄或狭长的区域。

（2）纯单相负荷的农村居住区。

（3）城镇低压供电系统需改造的老旧居住区。

（4）单相供电的公共设施负荷，如路灯等，以及其他具有特殊条件的区域。

48. 柱上开关典型操作任务的内容和要求有哪些？

答：（1）柱上开关严格按照电气设备“四种状态”的要求拟订操作任务及操作步骤。

（2）柱上开关因无固定接地刀闸，且无法有效辨别电源侧或负荷侧，故不具备“检修”状态。

（3）开关冷备用状态仅适用于带刀闸的开关；未装设刀闸的开关不具备“冷备用”和“检修”状态，一般采用“拉开××开关”“合上××开关”的指令形式。

（4）拉开装设在线路上第一个线路开关，若开关具备正常的负荷开断能力，原则上不需要将变电站出线开关改“热备用”后再操作。

49. 开关站典型操作任务的内容和要求有哪些？

答：（1）开关站（环网单元）严格按照电气设备“四种状态”的要求拟订操作任务及操作步骤。

（2）开关站（环网单元）出线开关没有开关检修状态，只有线路检修状态，即在线路侧合接地刀闸。

（3）开关站（环网单元）母分开关由“热备用”改为“检修”，母分开关“检修”状态是指开关线路侧（非母线侧）合接地刀闸，且同时有#1、#2 母分开关才发此指令。

（4）开关站（环网单元）母线所属全部间隔（母分开关）开关、刀闸均断开，是“冷备用”状态（只有开关的断开全部开关，有开关和刀闸的开关、刀闸均断开）。

（5）部分开关站（环网单元）间隔只有开关没有刀闸，故没有“冷备用”状态。

50. 遥控操作中发生监控系统异常或遥控失灵时应如何处理？

答：调控值班员在遥控操作中监控系统发生异常或遥控失灵时应停止操作，通知运维人员至现场检查，涉及监控主站系统的缺陷由调控员及时通知自动化值班人员协调处理，对遥控失灵的情况，调控值班员在确认现场设备无异常后可下令现场运维人员就地操作。

51. 馈电线路过负荷时值班调控员应如何处置？

答：当馈电线路过负荷时值班调控员应根据线路过负荷程度，及时实施负荷转移。若无法转移的，应首先与该线路的双电源客户协商转移负荷；若仍然过负荷，应及时通知营销部门，对该线路部分客户进行有序用电。

52. 环网柜如何实现防误操作闭锁？

答：（1）对于不带三位置开关环网柜的防误操作闭锁，主要是隔离开关在负荷开关分闸后才能操作。隔离开关分闸后，同时线路侧无压，才能操作线路接地开关。接地开关合闸后，隔离开关、负荷开关不能操作。接地开关合闸后，才能打开柜门。

（2）对于带三位置开关环网柜的防误操作闭锁，通常将负荷开关和接地开关的操作孔分开，并在操作孔上设置了挡板，只有在满足防误操作闭锁要求的情况下，操作孔上的挡板才能移开。但采用三位置开关的负荷开关基本没有线路有电的强制性闭锁装置，所以只能从组织措施上防止带接地线合闸。

53. 为什么要核相？哪些情况下要核相？

答：若相位或相序不同的交流电源并列或合环，将会产生较大的环流，从而造成发电机或电气设备的损坏，因此需要核相。

新设备或检修后相位可能变动的设备，投入运行时，应校验相序相同后才能同期并列。校核相位相同后，才能进行合环操作。

54. 电力系统操作过电压的产生原因及防范措施有哪些？

答：操作过电压是由于电网内断路器操作或故障跳闸引起的过电压，主要包括：

（1）切除空载线路引起的过电压。

（2）空载线路合闸时的过电压。

（3）切除空载变压器引起的过电压。
（4）间隙性电弧接地引起的过电压。
（5）解合大环路引起的过电压。
限制操作过电压的措施有：
（1）选用灭弧能力强的高压断路器。
（2）提高断路器动作的同期性。
（3）断路器断口加装并联电阻。
（4）采用性能良好的避雷器，如氧化锌避雷器。
（5）使电网的中性点直接接地运行。

55. 哪些情况下应停用线路重合闸装置？

答：（1）线路带电作业有要求时。
（2）可能造成非同期合闸时。
（3）不能满足重合闸要求的检测条件时。
（4）断路器遮断容量不允许重合时。
（5）超过断路器跳合闸次数时。
（6）重合闸装置不能正常工作时。
（7）其他应停用线路重合闸装置的情况。

56. 在哪些情况下配电网设备需要开展特殊监视？

答：遇到下列情况，应对变电站相关区域或设备开展特殊监视：
（1）设备有严重或危急缺陷，需加强监视时。
（2）新设备试运行期间。
（3）设备重载或接近运行限额运行时。
（4）遇特殊恶劣天气时。
（5）重点时期及有重要保电任务时。
（6）电网处于特殊运行方式时。
（7）其他有特殊监视要求时。

57. 变压器在哪些情况下应停止运行？

答：变压器发生下列情况之一者应停止运行：
（1）变压器发生强烈不均匀噪声，内部有放电声或爆炸声。
（2）变压器本体或附件开裂，大量漏油无法控制，油面迅速下降到最低控制线以下。
（3）油面急剧上升，从储油柜、防爆管呼吸器喷油、冒烟或喷火时。
（4）在正常冷却条件下，变压器负荷不变而上层油温不断上升，或发现油温较平时同负荷、同温度、同冷却条件下高出10℃以上（温度计本身显示正确）时。
（5）变压器套管炸裂严重损坏、引线烧断。

58. 电容器在哪些情况下应停止运行？

答：电容器有下列情况之一者应立即停止运行：

（1）外壳有明显鼓肚变形。

（2）油浸式或密集型电容器，漏油严重或套管破裂、冒烟等。

（3）支柱绝缘子及其附件炸裂损坏等。

59. 电抗器在哪些情况下应停止运行？

答：电抗器有下列情况之一者应立即停止运行：

（1）电抗器本身发生单相接地。

（2）电抗器接头处发红或严重过热。

（3）电抗器整体发生变形或倾斜。

（4）电抗器支持绝缘子及其附件炸裂损坏等。

60. 何种情况下的带电作业应停用重合闸，并不准强送电？

答：带电作业在以下情况应停用重合闸，并不准强送电：

（1）中性点有效接地系统中有可能引起单相接地的作业。

（2）中性点非有效接地系统中有可能引起相间短路的作业。

（3）直流线路中有可能引起单极接地或者极间短路的作业。

（4）工作票签发人或工作负责人认为需停用重合闸或直流再启动保护的作业。

61. 将运行中的设备停电检修需注意哪些事项？

答：（1）将运行中的设备停电检修时，应把各方面的电源完全断开（任何运行中的星形接线设备的中性点应视为带电设备），禁止在只经断路器断开电源的设备上工作。

（2）应拉开隔离开关，手车开关应拉至试验或检修位置，应使各方面有一个明显的断开点。若无法观察到停电设备的断开点，应有能够反映设备运行状态的电气和机械指示。

（3）与停电设备有关的变压器和电压互感器应将设备各侧断开，防止向停电设备反送电。

第五章　配电网自动化

（一）基础篇

1. 什么是配电管理系统（DMS）？

答：通常把从变电、配电到用电过程的监视、控制和管理的综合自动化系统称为配电管理系统（Distribution Management System，DMS）。其内容包括配电网数据采集和监控（Supervisory Control and Data Acquisition，SCADA）包括配电网进线监视、配电变电站自动化、馈线自动化和配电变压器巡检及低压无功补偿]、地理信息系统、网络分析和优化、工作管理系统、需求侧管理（Demand Side Management，DSM，包括负荷监控及管理和远方抄表及计费自动化）和调度员培训模拟系统几个部分。配电管理系统的组成如表 5.1 所示。

表 5.1　　配电管理系统的主要组成

<table>
<tr><td rowspan="10">配电管理系统</td><td rowspan="7">配电自动化</td><td rowspan="4">配电 SCADA 系统</td><td>进线监视</td></tr>
<tr><td>变电站、开关站自动化</td></tr>
<tr><td>馈线自动化</td></tr>
<tr><td>变压器巡检与无功补偿</td></tr>
<tr><td colspan="2">地理信息系统</td></tr>
<tr><td rowspan="2">需求侧管理</td><td>负荷监控与管理</td></tr>
<tr><td>远方抄表与计费自动化</td></tr>
<tr><td colspan="3">网络分析和优化</td></tr>
<tr><td colspan="3">工作管理系统</td></tr>
<tr><td colspan="3">调度员培训模拟系统</td></tr>
</table>

2. 什么是能量管理系统（EMS）？配电管理系统（DMS）和能量管理系统（EMS）的相似和不同之处分别是什么？

答：能量管理系统（Energy Management System，EMS）是以计算机技术为基础的现代电力系统的综合自动化系统，是负责监控、管理发电和输电系统的自动化系统。

DMS 和 EMS 的相似之处是：

（1）建设两者的目的均是为了管理和维护电力基础设施；

（2）两者均支持实时操作；

（3）应充分考虑运行的安全性；

（4）均面向最终用户；

（5）两者均通过自动化系统来支持业务处理；

（6）两者均需要实时访问所需的信息。

DMS 和 EMS 的不同之处是：

（1）由于配电网设备多，DMS 信息量比 EMS 系统大；

（2）DMS 的网络结构变化更频繁；

（3）DMS 需要更加强大有力的图形显示和处理能力，具有多种显示效果，包括地理图、主接线图、单线图以及网络图等；

（4）EMS 多为网状网络拓扑结构，而 DMS 多为放射状网络拓扑结构；

（5）EMS 采用集中管理模式，DMS 采用分级管理模式。

3. 什么是配电自动化（DA）？什么是配电自动化系统（DAS）？

答：配电自动化（Distribution Automation，DA）以一次网架和设备为基础，综合利用计算机、信息及通信等技术，以配电自动化系统为核心，实现对配电系统的监测、控制和快速故障隔离，并通过与相关应用系统的信息集成，实现配电系统的科学管理。

配电自动化系统（Distribution Automation System，DAS）是实现配电网运行监视和控制的自动化系统，具备配电 SCADA、馈线自动化、电网分析应用及与相关应用系统互连等功能，主要由配电自动化系统主站、配电自动化系统子站（可选）、配电自动化终端和通信网络等部分组成。

4. 实施配电自动化有哪些重要意义？

答：（1）提高供电可靠性。配电自动化的首要作用是提高供电可靠性。① 实现故障隔离及自动恢复供电功能，减少故障停电范围；② 通过提高电网正常的施工、检修和事故抢修工作效率，较少计划及故障停电时间；③ 通过电网的实时监视，实施状态检修，及时发现、处理事故隐患，提高设备的运行可靠率性。随着配电网一次网架的完善，管理水平的提高，以及不停电作业、状态检修等技术措施的实施，计划停电时间会逐步减少，配电自动化在提供供电可靠性方面的作用将更为明显。

（2）提高供电质量。配电自动化可以通过各种配电终端实时监视供电电压的变化，及时调整运行方式，调节变压器分接头挡位或投切无功补偿电容器组，保证用户电压在合格的范围内；同时，还能够使配电网无功就地平衡，减少线路损失。

（3）提高服务质量。在停电故障发生后，配电自动化能够及时确定故障点位置、故障原因及停电范围，并大致估算恢复供电时间，及时处理用户报修和投诉，还可由计算机系统制订故障恢复或抢修方案，及时恢复供电，提高用户满意度。

（4）提高管理效率。配电自动化对配电网设备运行状态进行远程实时监视及操作控制，能够及时地确定线路故障点及原因，可减少大量的人工现场巡查；同时，配电生产管理实现自动化、信息化，可以很方便地录入、获取各种数据，并通过计算机辅助分析软件进行分析、决策，制作各种表格、通知单、报告，将人们从繁重的工作中解放出来，提高工作效率与质量。

（5）提高设备利用率。基于多分段、多联络和多供一等接线模式，在发生故障时采用模式化故障处理措施，发挥多分段、多联络和多供一等接线模式提高设备利用率的作用，有效地调整、转移负荷潮流，提高设备利用率，压缩备用容量，较少建设投资。

5. 配电自动化的发展大致分为哪三个阶段？

答：第一阶段：通过自动化开关设备相互配合实现故障隔离和健全区域恢复供电，不需要建设通信网络和主站计算机系统。

第二阶段：基于通信网络、馈线终端单元和后台计算机网络的实时应用系统，兼备正常情况下的运行状况监视及故障时的故障处理功能。

第三阶段：结合配电地理信息系统（Geographic Information System，GIS）、运行管理系统（Operation Management System，OMS）、电力故障抢修管理系统、工作管理系统（Work Management System，WMS），并与需求侧管理（DSM）相结合，覆盖配电网调度、运行、生产的全过程，支持客户服务，实现配用电综合应用。

6. 配电自动化未来的发展趋势是什么？

答：（1）多样化。尽管配电自动化技术的发展经历了三个阶段，但是从欧美和日本等国家的应用情况来看，各个阶段的技术都在应用，并各有其适用范围。在我国，随着智能配电网建设的开展，配电自动化再度兴起，针对不同城市（地区）、不同供电企业的实际需求，配电自动化系统的实施规模、系统配置、实现功能不尽相同，在国家电网公司《配电自动化主站系统功能规范》（Q/GDW 513—2010）中推荐了简易型、实用型、标准型、集成型和智能型 5 种配电自动化系统的实现形式及对应功能。因此，配电自动化技术及其实现形式的多样化是发展趋势之一。

（2）标准化。配电自动化是个复杂的系统工程，信息量大面广，涉及多个应用系统的相互接口和信息集成。为了促进支持电力企业配电网管理的各种分布式应用软件系统的应用集成和规范各个系统间的接口，国际电工委员会（IEC）制定了 IEC 61968（配电管理的系统接口）系列标准。因此支持基于 IEC 61968 标准的信息交互也成为配电自动化的发展趋势之一。

（3）自愈。配电自动化是智能配电网的重要组成部分，而自愈是智能电网的重要特征。因此，自愈技术也是配电自动化发展趋势之一。自愈的含义不仅仅是在故障发生时自动进行故障定位、隔离和健全区域恢复供电，更重要的是能够实时检测故障前兆和评估配电网的健康水平，在故障实际发生前进行安全预警并采取预防性控制措施，避免故障的发生，或使配电网更加健壮。

（4）经济高效。经济高效也是智能电网的重要特征。因此，支撑经济高效的配电网也是配电自动化的发展趋势之一。与发达国家相比，我国配电网的设备利用率还普遍较低，尽管在城市中已经基本建成了“手拉手”环状网，但是为了满足 N–1 安全准则，其最大利用率仍不超过 50%。多分段、多联络和多供一备等接线模式有助于提高设备利用率，但是还需在发生故障时采取模式化故障处理措施。

（5）适应分布式电源接入。随着智能电网建设，光伏发电、风电、小型燃气轮机、大容量储能系统等分布式电源都有可能分散接入配电网，一方面对配电网的短路电流、潮流分布、保护配合等带来一定影响；另一方面又能在故障时支撑有意识孤岛供电，增强应急能力。因此，适应分布式电源接入并发挥其作用也是配电自动化的发展趋势之一。

7. 配电自动化有哪些建设模式？

答：配电自动化有简易型、实用型、标准型、集成型和智能型五种模式。

（1）简易型。适用于单辐射或单联络的配电一次网架或仅需故障指示功能的配电线路，对配电主站和通信通道没有明确的要求。

（2）实用型。适用于通信通道具备基本条件，配电一次设备具备遥信和遥测（部分设备具备遥控）条件，但不具备实现集中型馈线自动化功能条件的地区，以配电 SCADA 监控为主要实现功能。

（3）标准型。标准型配电自动化系统是在实用型的基础上增加基于主站控制的馈线自动化功能，一般需要采用可靠、高效的通信手段，配电一次网架应该比较完善且相关的配电设备具备电动操动机构和受控功能。

（4）集成型。集成型是在标准型的基础上，通过信息交换总线或综合数据平台技术将企业里各个与配电相关的系统实现互联，最大可能地整合配电信息、外延业务流程、扩展和丰富配电自动化系统的应用功能，全面支持配电调度、生产、运行以及用电营销等业务的闭环管理，同时也为供电企业的安全和经济指标的综合分析以及辅助决策而服务。系统结构完整、自动化程度高、管理功能完善、运行方式灵活，建设成本高。

（5）智能型。智能型是在标准型或集成型配电自动化系统基础上，扩展对于分布式电源、微网以及储能装置等设备的接入功能，实现智能自愈的馈线自动化功能以及与智能用电系统的互动功能，并具有与输电网的协同调度功能，以及多能源互补的智能能量管理分析软件功能。

8. 配电自动化的功能有哪些？

答：配电自动化功能包括两方面：实现配电网实时监控、自动故障隔离及恢复供电等功能，成为配电网运行自动化；实现离线的或实时性不强的设备管理、停电管理等功能，成为配电网管理自动化。

（1）配电网运行自动化功能。

1）数据采集与监控。数据采集与监控功能时“三遥”（遥测、遥信、遥控）的具体体现与扩展，实现配电网及设备的数据采集、运行状态监视和故障告警等功能并对相关电力设备进行远程操作。数据采集与监控是配电自动化的基础功能。

2）故障自动隔离与恢复供电。在线路发生永久性故障后，配电自动化系统自动定位线路故障点，跳开故障点两侧的断路器，隔离故障区段，恢复非故障线路的供电，缩小故障停电范围，加快故障抢修速度，减少停电时间，提供电可靠性。

3）电压及无功管理。配电自动化系统可以通过高级应用软件对配电网的无功分布进行全局优化，调整变压器分接头挡位，控制无功补偿设备的投切，以保证供电电压合格、线损最小；也可以采用现场自动装置，以某控制点的电压及功率因数为控制参数，就地调整变压器分接头挡位、投切无功补偿电容器。

（2）配电网管理自动化功能。

1）设备管理。配电网包含大量的设备，遍布于整个供电区域，传统的人工管理方式已不能满足日常管理工作的需要。设备管理功能可实现在地理信息系统平台上，应用自动绘图工具，以地理图形为背景绘出并分层显示网络接线、用户位置、配电设备及属性数据等。该功能还支持设备档案的计算机检索、调阅，并可查询、统计某区域设备数量、负荷、用电量等。

2）检修管理。在设备管理的基础上，制定科学的检修计划，对检修工作票、倒闸操作票、检修过程进行计算机管理，提高检修水平和工作效率。

3）停电管理。利用计算机和信息技术对故障停电以及计划停电处理过程进行科学管理。能够合理安排停电计划、避免重复性停电、减少停电范围、缩短停电时间，迅速响应用户报修、提高故障处理速度，以达到进一步提高供电可靠性、提升用户满意度的目的。

4）规划与设计管理。配电自动化系统对配电网规划所需的地理、经济、负荷等数据进行集中存储、管理，并提供负荷预测、网络拓扑分析、短路电流计算等功能，不仅可以加速配电网规划与设计过程，而且还可使规划与设计方案更加经济、高效。

9. 典型配电自动化系统由哪几部分构成？

答：典型配电自动化系统主要由主站、配电子站（可选）、配电终端和通信通道组成，通过信息交换总线实现与其他相关应用系统互连，实现数据共享和功能扩展，配电自动化系统构成如图 5.1 所示。其中，配电主站是实现数据采集、处理及存储、人机联系和各种应用功能的核心；配电终端是安装在一次设备运行现场的自动化终端，根据具体应用对象选择不同的类型，直接采集一次系统的信息并进行处理，接收配电站子站或主站的命令并执行；配电子站是主站和终端连接的中间层设备，一般用于通信汇集，也可根据需要实现区域监控，配电子站通常根据配电自动化系统分层结构的情况而选用；通信通道是连接配电主站、配电子站和配电终端之间实现信息传输的通信网络。典型配电自动化系统结构示意图如图 5.1 所示。

10. 什么是配电自动化主站系统？其建设原则是什么？

答：配电自动化主站系统（即配电网调度控制系统，简称配电主站），主要实现配电网数据采集与监控等基本功能和分析应用等扩展功能，为调度运行、生产及故障抢修指挥服务。

配电主站应构建在标准、通用的软、硬件基础平台上，具备可靠性、可用性、扩展性和安全性，并根据各地区的配电网规模、实际需求和配电自动化的应用基础等情况选择和配置软硬件。配电主站要根据各地区配电网规模和应用需求合理配置。配电主站支撑平台应一次性建设，功能选择应依据系统容量要求。

11. 配电自动化终端的作用是什么？

答：配电自动化终端为安装在现场的各类终端单元，远程实现对设备的监控。在配电系

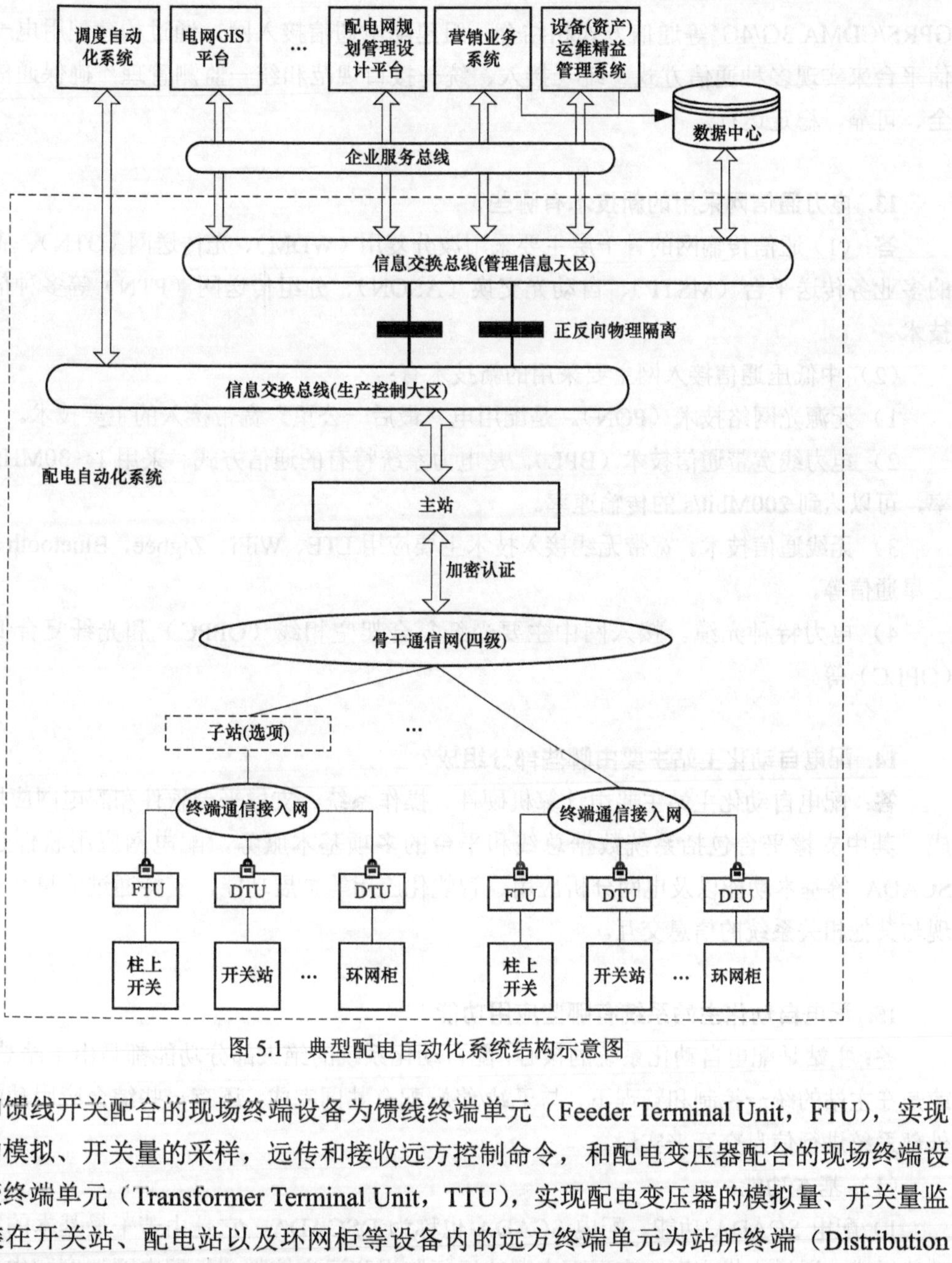

图 5.1 典型配电自动化系统结构示意图

统中；和馈线开关配合的现场终端设备为馈线终端单元（Feeder Terminal Unit，FTU），实现馈线段的模拟、开关量的采样，远传和接收远方控制命令，和配电变压器配合的现场终端设备为配变终端单元（Transformer Terminal Unit，TTU），实现配电变压器的模拟量、开关量监视，安装在开关站、配电站以及环网柜等设备内的远方终端单元为站所终端（Distribution Terminal Unit，DTU），实现这些设备的模拟量、开关量采集及控制。

12. 配电自动化通信系统的作用是什么？

答：配电自动化通信实现现场终端单元和配电子站、配电主站的通信，是配电自动化系统的重要环节。根据国家电网公司企业标准《配电自动化系统技术导则》中的有关规定，配电通信分为骨干网和接入网两层，骨干网的建设宜选用已建成的 SDH 光纤传输网扩容的方式，接入网的建设方案采用光纤 EPON、工业以太网、无线专网、无线公网

GPRS/CDMA/3G/4G 等通信方式相结合，组建配电通信接入网，通过构建配用电一体化通信平台来实现多种通信方式“统一接入、统一接口规范和统一监测管理”确保通信通道安全、可靠、稳定运行。

13. 电力通信网采用的新技术有哪些？

答：（1）通信传输网的骨干层主要采用波分复用（WDM）、光传送网（OTN）、基于 SDH 的多业务传送平台（MSTP）、自动光交换（ASON）、分组传送网（PTN）等多种信息传送技术。

（2）中低压通信接入网主要采用的新技术有：

1）无源光网络技术（PON）。是配用电“最后一公里”宽带接入的主要技术。

2）电力线宽带通信技术（BPL）。是电力系统特有的通信方式。采用 1～30MHz 载波频率，可以达到 200Mbit/s 的传输速率。

3）无线通信技术。宽带无线接入技术主要应用 LTE、WiFi、Zigbee，Bluetooth、GPRS、卫星通信等。

4）电力特种光缆。接入网中主要光纤复合架空相线（OPPC）和光纤复合低压电缆（OPLC）等。

14. 配电自动化主站主要由哪些部分组成？

答：配电自动化主站主要由计算机硬件、操作系统、支撑平台软件和配电网应用软件组成。其中支撑平台包括系统数据总线和平台的多项基本服务，配电网应用软件包括配电 SCADA 等基本功能以及电网分析应用、智能化应用等扩展功能，支持通过信息交互总线实现与其他相关系统的信息交互。

15. 配电自动化主站系统有哪些应用功能？

答：主站是配电自动化系统的核心，配自动化系统的绝大部分功能都是由主站独立完成，或是在主站的统一控制和管理下，与子站/终端配合共同完成，还有一些综合应用功能需要与外部系统进行信息交互来实现。

（1）基本功能：

1）配电 SCADA 功能。配电 SCADA 也称为 DSCADA，它是由若干最基本的实时监控功能组成，通过人机交互，实现配电网的运行监视和远方控制，为配电网调度和生产指挥提供服务，是配电自动化主站系统必须首先实现的应用功能。其主要包括数据采集、数据处理、数据记录、操作与控制、智能告警分析、网络拓扑着色及馈线故障处理。

2）馈线故障处理自动化，配电主站根据接收到的故障信号启动故障处理模块，在故障判断和故障定位告警的基础上，提供故障处理及供电恢复方案。

（2）扩展功能：

1）配电网分析应用。配电网分析应用也称为高级应用，是配电自动化主站系统的扩展功能。它必须建立在配电 SCADA 等基本功能的基础上，并且对实时数据的完整性和准确性有较高的要求。其主要包括拓扑分析、状态估计、潮流计算、解合环分析、负荷转供、网络重构及负荷预测。

2）智能化应用。随着智能电网建设的开展，智能化应用也是配电自动化系统扩展功能的重要内容，其主要包括分布式电源接入与控制、预警分析、配电网自愈及经济运行。

3）互动化应用。互动化是智能电网的重要特征之一，而智能电网的互动化更多地体现在配用电环节。随着配电自动化应用的深入和推广，在实现多系统信息交互的基础上可开展互动化应用。互动化应用的特点就是信息流来自多个系统，业务流贯穿于多个系统，其主要包括故障研判、工单管理、计划停电范围分析及基于 GIS 的抢修调度综合展示（Ⅲ区功能）。

16. 与目前的配电自动化技术相比，高级配电自动化有何不同？

答：高级配电自动化在支持分布式电源接入、配电网快速自愈、电网与用户双向互动等方面有别于目前的配电自动化技术。目前的配电自动化主要关注配电网中断路器的自动控制功能；高级配电自动化是目前配电自动化技术的进一步提升和完善，它适应更大规模的配电网可控设备的控制，实现电力和信息的双向互动，使配电网运行更稳定、更经济。

17. 高级配电自动化的主要特点有哪些？

答：与目前的配电自动化技术相比，高级配电自动化技术的主要特点如下：

（1）支持分布式电源的大量接入并使其与配电网进行有机集成。

（2）满足有源配电网的监控需要。

（3）提供实时仿真分析与辅助决策工具，更有效地支持各种高级应用软件（如潮流计算、网络重构和电压/无功优化等软件）的应用。

（4）支持分布式控制技术。

（5）系统具有良好的开放性与可扩展性，采用标准的信息交互模型和通信规约，支持监控设备与应用软件的即插即用。

（6）各种自动化系统之间实现无缝集成，信息高度共享，功能深入融合。

18. 配电自动化与调度自动化有哪些区别？

答：从电力管理的角度划分，调度自动化的管理范围主要是指 110、220kV 及以上变电站监控，目的是实现对变电站内断路器、变压器、电容器、线路等设备的“三遥”功能。配电自动化的管理范围主要指市区或农网的 35kV 或 10kV 送配电线网络，其中城区配电自动化目的是对城区供电范围全部开关站，部分柱上开关监控，还要具有故障状态的识别功能，从而配合配电自动化主站实现城区配电网正常运行时的工况监测，以及配电网故障时的故障隔离和非故障区域快速恢复供电。同时对全部配电变压器运行工况进行监测，并形成配电变压器负荷曲线。配电自动化还应与用电管理系统、电能计费系统及变电站综合自动化系统统一规划以构成一个整体。

19. 配电自动化系统向调控员提供反映系统现状的信息有哪些？

答：（1）为配电网运行情况的监控提供精确而可靠的信息，包括有关配电线路的负荷情况、电压、有功及无功等。

（2）当配电线路出现异常情况时，及时自动告警，并指明或同时启动故障处理功能，自动隔离故障，恢复送电。

20. 配电自动化通过哪些通信方式来实现？

答：配电自动化通信方式主要包括光纤专网、配电线载波、无线专网和无线公网。其中：

（1）光纤专网通信方式宜选择以太网无源光网络、工业以太网等光纤以太网技术；

（2）配电线载波通信方式可选择电缆屏蔽层载波等技术；

（3）无线专网通信方式宜选择符合国际标准、多厂家支持的宽带技术；

（4）无线公网通信方式宜选择 GPRS/CDMA/3G 等通信技术。

具备遥控功能的配电自动化区域优先采用专网通信方式；依赖通信实现故障自动隔离的馈线自动化区域宜采用光纤专网通信方式。

采用无线公网通信方式时应符合相关安全防护和可靠性规定要求。

21. 什么是配电 SCADA 系统？配电 SCADA 的基本监控对象有哪些？

答：配电自动化系统中，从为配电网供电的变电站的 10kV 设备监视，到 10kV 馈线自动化以及 10kV 开关站、配电室和配电变压器的自动化系统，统称为配电 SCADA 系统。

配电 SCADA 的基本监控对象有：

（1）监视为配电网供电的 110kV 变电站中的 10kV 出线。

（2）10kV 线路柱上开关、开关站及配电室的监控。

22. 什么是配电终端？其配置要求有哪些？

答：配电终端（Remote Terminal Unit of Distribution Automation System，RTU）是安装在配电网的各种远方监测、控制单元的总称，完成数据采集、控制及通信等功能。

根据配电网规划和供电可靠性需求，按照经济适用的原则，应差异化配置配电终端，并合理控制“三遥”节点配置比例。

（1）对网架中的关键性节点，如主干线开关、联络开关、进出线较多的开关站、环网单元和配电室，应配置“三遥”终端；对一般性节点，如分支开关及无联络的末端站室，应配置“两遥”终端。

（2）配电变压器终端宜与营销用电信息采集系统共用。

23. 配电终端分哪几种？其模拟量输入可采用哪两种采样方式，区别是什么？

答：根据应用的对象及功能，配电终端可分为馈线终端（Feeder Terminal Unit，FTU）、站所终端（Distribution Terminal Unit，DTU）、配变终端（Transformer Terminal Unit，TTU）和具备通信功能的故障指示器等。

馈线终端：安装在配电网架空线路杆塔等处的配电终端，按照功能分为“三遥”终端和“二遥”终端，其中“二遥”终端又可分为基本型终端、标准型终端和动作型终端。

站所终端：安装在配电网开关站、配电室、环网柜、箱式变电站等处的配电终端，依照功能分为“三遥”终端和“两遥”终端，其中“两遥”终端又可分为标准型终端和动作型终端。

配变终端：安装在配电变压器，用于监测配电变压器各种运行参数的配电终端。

远动终端的模拟量输入方式可分为直流采样和交流采样。区别：直流采样使用变送器，信号处理电路采用多路转换开关，采样保持器和 A/D 转换器等；交流采样不使用变送器，信号经过隔离和降低幅值作用的中间 TA 和 TV 后，仍以交流模拟信号供 A/D 按一定规律进行直接采样，并加以处理。

24. 配电终端信息安全的原则是什么？

答：配电终端应满足电力二次安全防护有关规定，满足以下原则：

（1）所有终端对于主站下发的遥控命令都应进行单向认证；

（2）当应用配电子站时，终端对于主站下发的遥控命令也应满足单向认证要求。

25. 什么是配电子站？

答：配电子站是配电主站与配电终端之间的中间层，实现所辖范围内的信息汇集、处理及通信监视等功能。

26. 什么是馈线自动化？其配置要求有哪些？

答：馈线自动化（Feeder Automation，FA）是指利用自动化装置或系统，监视配电网的运行状况，及时发现配电网故障，进行故障定位、隔离和恢复对非故障区域的供电。

馈线自动化有下列配置要求：

（1）馈线自动化实现故障处理可采用集中型和就地型模式。

（2）应根据供电可靠性需求，结合配电网网架结构、一次设备现状、通信基础条件等情况，合理设计馈线自动化实现方案，并具备人工优化故障处理方案等辅助功能。

27. 配电自动化主站系统的故障处理功能有哪些安全约束条件？

答：（1）可自动设计非故障区段的恢复供电方案，避免恢复过程导致其他线路、主变压器等设备过负荷；

（2）可灵活设置故障处理闭锁条件，避免保护调试及设备检修等人为操作的影响；

（3）故障处理过中应具备必要的安全闭锁措施（如通信故障闭锁及设备状态异常闭锁等），保证故障处理过程不受其他操作干扰；

（4）支持恢复方案人工干预与优化调整。

28. 馈线自动化有哪几类？

答：（1）集中型。

全自动式：主站通过收集区域内配电终端的信息，判断配电网运行状态，集中进行故障定位，自动完成故障隔离和非故障区域恢复供电。

半自动式：主站通过收集区域内配电终端的信息，判断配电网运行状态，集中进行故障识别，通过遥控完成故障隔离和非故障区域恢复供电。

（2）就地型。

智能分布式：通过配电终端之间的故障处理逻辑，实现故障隔离和非故障区域恢复供电，并将故障处理结果上报给配电主站。

重合器式：在故障发生时，通过线路开关间的逻辑配合，利用重合器实现线路故障的定位、隔离和非故障区域恢复供电。

29. 馈线自动化的实施原则是什么？

答：（1）对于主站与终端之间具备可靠通信条件，且开关具备遥控功能的区域，可采用集中型全自动式或半自动式；

（2）对于电缆环网等一次网架结构成熟稳定，且配电终端之间具备对等通信条件的区域，可采用就地型智能分布式；

（3）对于不具备通信条件的区域，可采用就地型重合器式。

30. 什么是开关站和配电变电站自动化？

答：开关站和配电变电站自动化是指实现对10kV开关站及配电变电站的开关位置、保护动作信号、小电流接地选线情况、母线电压、线路电流、有功和无功功率以及电能量的远方监视、开关远方控制、变压器远方自我调压等功能。

31. 配电网中常用的自动化开关器件有哪些？

答：（1）重合器。重合器是一种自身具有控制盒保护功能的断路器，它具有故障电流检测和操作顺序控制以及执行功能。

（2）分段器。分段器是用于配电线路上，用来隔离线路区段的自动开关装置。它实际上是带有自动保护功能的负荷开关。

（3）自动配电开关。自动配电开关是以检测网络电压来控制开关的开闭，能开断负荷电流和接通有短路故障线路的一种用于配电网的自动开关。通常也称为电压—时间型分段器，或简称电压型分段器。

32. 什么是配电网的负荷管理？其主要目的是什么？

答：配电网的负荷管理即是根据负荷特性，根据电量平衡的原则，通过集中抄表及SCADA系统了解电力用户用电情况，并运用包括负荷特性控制技术在内的方式及调度管理方法，实现配电网的可靠、经济运用。

实现负荷管理的目的主要是解决电力供需之间的矛盾和在保障电网安全的前提下，提高配电网的经济效益。

33. 什么是配电自动化需求侧管理？系统中各模块的作用是什么？

答：需求侧管理（DSM）是配电自动化系统的重要组成部分之一。DSM 实际上是电力的供需双方共同对用电市场进行管理，以达到提高供电可靠性、减少能源消耗及供需双方的费用支出的目的。其内容包括负荷监控和管理（LCM）和远方抄表与计费自动化（AMR）两方面。负荷监控和管理根据用户的用电量、分时电价、天气预报以及建筑物内的供暖特性等进行综合分析，确定最优运行和负荷控制计划，对集中负荷及部分工厂用电负荷进行监视、管理和控制，并通过合理的电价结构引导用户转移负荷，平坦负荷曲线。远方抄表与计费自动化通过各种通信手段读取远方用户电能表数据，并将其传至控制中心，自动生成电费报表和曲线等。

34. 什么是远程自动抄表系统？

答：远程自动抄表系统是指利用传感技术、自动控制技术和计算机网络技术自动读取和处理城市居民用户的电能表计数据，并将该信息加以综合处理的系统。远程自动抄表技术准确而便捷，不但能提高管理部门的工作效率，而且还适应现代用户对用电缴费的需求。

35. 什么是地理信息系统？

答：地理信息系统（GIS）是利用计算机技术、网络技术和数据库技术将电网的分布、设备属性及实时信息按实际地理位置描述在地理背景上，实现将电网和地理信息相结合进行管理的系统。地理信息系统的引入是配电自动化的主要特点之一，因为配电网节点多、设备分散，其运行管理工作常与地理位置有关，将其与一些属性数据库结合，可以更加直观地进行运行管理。地理信息系统的基本结构如图 5.2 所示。

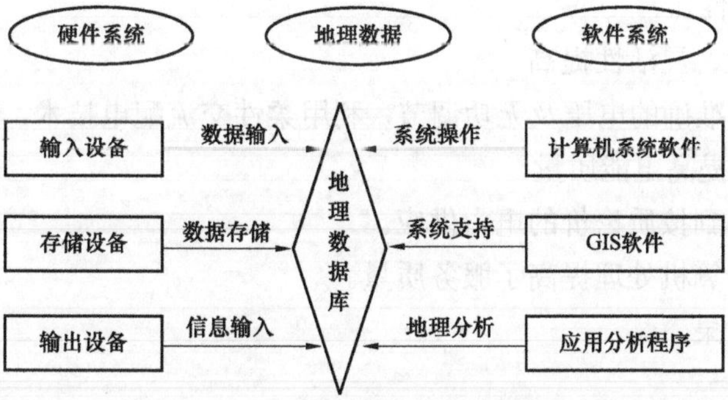

图 5.2 地理信息系统的基本结构

36. 什么是配电网图资系统？其主要应用有哪些？

答：配电网图资系统是由自动绘图（AM）、设备管理（FM）和地理信息系统（GIS）组成，有离线应用和在线应用两个方面的应用。离线方面的应用主要有设备管理、用电管理及规划设计。在线方面的应用主要有：① 图资系统提供的设备信息和空间信息与SCADA提供的实时运行状态信息有机地结合起来，以改进电力供应分配、紧急情况下的调度以及日常维护和抢修服务；② 利用图资系统提供的图形信息，SCADA系统可在地图上动态显示设备的运行状态，以管理系统的运行；③ 利用图资系统提供的图形信息，根据投诉电话迅速准确地判断故障的地点和抢修队目前所处位置，及时派出抢险人员，使停电时间最短。

37. 故障指示仪通常由哪些部分构成？

答：故障指示仪通常由以下部分构成：短路故障传感器、接地故障传感器、读数仪表和连接线缆。

（1）短路故障传感器时刻监测供电线路中的电流，当其值达到或超过短路电流启动报警整定值时，短路故障传感器发出相应的告警指示信号。

（2）接地故障传感器检测到接地线路中电流达到或超过接地电流启动报警整定值时，接地故障传感器发出相应的告警指示信号。

（3）读数仪表中配有时间抚慰电路及赋值电路，接地故障由一个闪光的LED灯指示，每根电缆上的短路故障由一个闪光的LED灯指示。指数仪表配有测试/复位按钮。

（4）连接线缆或固定于传感器上，或由光缆连接传感器，可在传感器和读数仪表之间安全传输数据。

（二）提高篇

38. 实施配电自动化会产生哪些效益？

答：（1）实现潮流控制、调整负荷、改善负荷曲线；充分利用现有设备潜力；推迟或减少新增设备的投入。

（2）合理及时调整运行方式，降低网损。

（3）在配电网故障时，进行快速诊断、自动隔离，以减少故障停电范围，恢复非故障段供电，提高供电可靠性。

（4）系统安全性、灵活性提高。

（5）采取快速、准确的电压及无功调节，利用柔性交流配电技术，更合理地进行无功补偿，减少谐波含量，提高电能质量。

（6）用户可以得到按质论价的电力供应。

（7）制度化的计算机处理提高了服务质量。

（8）达到节能效果。

39. 配电自动化主站系统的配置原则是什么？

答：（1）硬件配置。主要设备应采用双机、双网冗余配置，满足可靠性和系统性能指标要求，具有扩展性、通用性。配电主站应有安全、可靠的供电电源保障。

（2）软件配置。

1）服务器与工作站宜采用UNIX/LINUX操作系统；

2）应采用成熟可靠的支撑和应用软件，满足相关技术标准和规范。

（3）功能配置。

1）配电主站应在具备基本功能的基础上，根据实际需要，合理配置扩展功能；

2）在相应区域具备完备的配电网络拓扑的前提下，可配置馈线故障处理功能；

3）在信息量的完整性和准确性满足要求的前提下，可配置电网分析应用功能；

4）在配电主站功能成熟应用的基础上，可结合本地区智能电网工作的开展，合理配置智能化功能。

40. 配电自动化建设有哪些要求？

答：（1）配电自动化建设应以一次网架和设备为基础，运用计算机、信息与通信等技术，实现对配电网的实时监视与运行控制。通过快速故障处理，提高供电可靠性；通过优化运行方式，改善供电质量、提升电网运营效率和效益。

（2）配电自动化建设应纳入配电网整体规划，依据本地区经济发展、配电网网架结构、设备现状、负荷水平以及供电可靠性实际需求进行规划设计，综合进行技术经济比较，合理投资，分区域、分阶段实施，力求功能实用、技术先进、运行可靠。

（3）配电自动化建设应满足相关国际、行业、企业标准及相关技术规范要求。

（4）配电自动化应与配电网建设改造同步规划、同步设计、同步建设、同步投运，遵循“标准化设计，差异化实施”原则，充分利用现有设备资源，因地制宜地做好通信、信息等配电自动化配套建设。

（5）配电自动化系统建设应以配电网调控运行为应用主体，满足规划、运检、营销及调度等横向业务协同需求，提升配电网精益化管理水平。

（6）配电自动化系统应满足电力二次系统安全防护有关规定。

（7）配电自动化系统相关设备与装置应通过国家级或行业级检定机构的技术检测。

41. 为什么说配电自动化的实现要比调度自动化困难得多？

答：与调度自动化相比配电自动化系统的难点主要体现在以下几个方面：

（1）调度自动化系统的测控对象一般都是较大型的110kV以上变电站以及少数35kV和10kV变电站，因此站点少。而配电自动化系统的测控对象为进线变电站、10kV开关站、小区变电站、配电室、分段开关、并补电容器、用户电能表和重要负荷等，因此站点非常多，通常要有成百上千甚至上万点之多。

（2）调度自动化系统的站端设备一般都可安放在所测控的变电站内，因此行业标准中对这类设备按户内设备对待，只要求其在10～55℃环境温度下工作即可。而配电自动化系统中大量的站端设备却不能安置在室内，如测控馈电线分段开关的馈电线远动终端，就必须安放在户外，称这类安放于户外的远方终端为现场远动终端。对于现场远动终端，因为其工作环境恶劣，通常要求温度在–25～75℃、湿度高达95%的环境下工作，这样设备的关键部分就必须用工业级的芯片，还要考虑防雨、散热、防雷等因素，因此不仅设备制造难度大，造价也较户内设备高。因经常需要调整配电网的运行方式，对配电自动化系统中的站端设备进行远方控制的频繁程度比调度自动化系统要高得多，这更要求配电自动化系统中的站端设备具有较高的可靠性。

（3）由于配电自动化系统的站端设备数量非常多，会大大增加通信系统建设的复杂性。从目前成熟的通信手段看，没有一种方式能够单独满足要求，因此，往往综合采用多种通信方式，通常采取多层集结的方式，以减少通道数量和充分发挥高速信道的能力，这样就更加增加了通信系统的建设难度。

（4）在配电自动化系统中，还将面临调度自动化中难以遇到的一些问题，其中最重要的是控制电源和工作电源的提取问题。

（5）我国目前配电网的现状仍十分落后，因此为了实现配电自动化，必须把对传统配电网的改造纳入工程之中，从而又进一步增加了实施的困难。

42. 对于配电自动化系统的信息交互有哪些要求？

答：（1）配电自动化系统信息交互应符合电力企业整体信息集成交互构架体系。

（2）信息交互应遵循图形、模型、数据来源及维护的唯一性原则和设备编码的统一性原则。

（3）配电自动化系统应遵循 IEC 61968 标准，采用信息交换总线方式，实现各系统之间信息共享，满足业务集成应用需求。

（4）信息交互必须满足电力二次系统安全防护规定，采取安全隔离措施，确保各系统及其信息的安全性。

43. 对于配电自动化的信息交互总线有哪些功能要求？

答：（1）提供位置透明的路由和寻址服务；

（2）提供同步/异步/点对点、发布/订阅、请求/应答等多种消息通信方式；

（3）具备协议转换、报文转换等消息动态转换功能；

（4）提供流程引擎，具备方便的流程编辑功能；

（5）识别符合 IEC 61970/61968 规范的 CIM 模型；

（6）支持 HTTP/S、SOAP、JMS、FTP、SMTP 等多种通信协议；

（7）具备跨正/反向隔离装置的服务代理功能；

（8）具备管理、注册、安全监控和告警等总线控制功能。

44. 配电自动化对通信网络的要求有哪些？

答：（1）配电通信网络应满足实时性、可靠性等要求。

（2）骨干网（四级）宜采用光纤专网，终端通信接入网采用无源光网络时应使用专用纤芯。

（3）接入网主要包括光纤专网、配电线载波、无线专网和无线公网等多种方式，应因地制宜，综合采用多种通信方式，并支持 SDH、工业以太网与无源光网络混合组网通信。

（4）终端通信接入网应规范接口、统一管理。

45. 对于配电自动化的安全防护有哪些要求？

答：（1）配电自动化系统应满足国家发展改革委和国家能源局关于配电网安全防护的相关技术要求。

（2）配电终端与主站的通信采用单向认证防护技术，使用基于非对称加密技术的单向身份认证措施，实现控制和参数设置数据报文的完整性保护和主站身份鉴别，同时添加时间标签（或随机数）保证控制数据报文的时效性。

（3）在子站/终端设备上配置安全模块，对来源于主站系统的控制命令和参数设置指令采取安全鉴别和数据完整性验证措施，以防范冒充主站对子站终端进行攻击，恶意操作电气设备。

（4）主站前置机配置安全模块，对下行控制命令与参数设置指令进行签名，实现子站/终端对主站的身份鉴别与报文完整性保护。

（5）严格禁止公网与调度数据网直接相连。

46. 配电自动化标准化建设的总体要求有哪些？

答：（1）配电自动化建设与改造应遵循配电网规划统一要求，以一次网架、配电设备及相关系统的全面评估为基础，基于不同供电区域（参见 Q/GDW 1738 中 A+～E 分类）可靠性要求设定合理系统建设改造目标并制定技术方案，因地制宜、分阶段实施。

（2）配电自动化建设与改造应遵循“标准化设计，差异化实施”原则，结合配电网规划，实现同步设计、同步建设、同步投运，并按照设备全寿命周期管理要求，充分利用已有资源。

（3）配电自动化建设与改造应遵循公司配电自动化技术标准体系，并满足相关国际、行业、企业标准要求。

（4）配电自动化建设与改造应根据设定目标，合理选择主站建设规模、终端配置和通信网络等配套设施建设模式。

（5）主干线联络开关、分段开关、进出线较多的开关站、环网单元和配电室宜采用“三遥”终端。

（6）配电自动化系统应满足电力二次系统安全防护等有关规定，遥控应具备安全加密认证功能。

47. 配电自动化统筹建设的有哪些要求？

答：（1）配电自动化建设应纳入配电网整体规划，依据本地区经济发展、配电网网架结构、设备现状、负荷水平以及供电可靠性实际需求进行设计，综合进行技术经济比较，合理投资，分区域、分阶段实施，力求功能实用、技术先进、运行可靠。

（2）配电自动化改造的二次设备应结合一次设备的改造同步建设、投运，并结合运行监控要求，合理选择配电自动化终端及通信方式。

（3）配电网站点基、改建工程中涉及电缆沟道、管井改造、建设及市政管道建设时应一并考虑光缆通信，并同期敷设。

（4）配电自动化改造应充分利用带电作业等手段，减少设备现场改造、调试所占用的停电时间，降低改造过程对供电可靠性的影响。

48. 简述配电自动化有哪些高级应用软件，其主要功能有哪些。

答：配电自动化高级应用软件是以配电系统网络分析为核心形成的应用软件，其基本部分有网络接线分析、潮流计算、状态估计、负荷预报、短路电流计算及电压/无功优化等。

（1）网络接线分析是将配电网由物理模型化为数学模型的过程。

（2）配电网的潮流计算是配电网络分析的基础，用于电网调度、运行分析、操作模拟和设计规划，同时也是电压/无功优化和网络接线变化必须调用的功能。

（3）配电网的状态估计包括主配电网的估计和沿馈电线的潮流分布。其功能如下：① 量测系统分析和量测配置优化；② 实时网络接线分析；③ 状态估计；④ 检测与辨识不良数据；⑤ 网络状态监视；⑥ 维护母线负荷预报模型；⑦ 量测误差的在线估计；⑧ 变压器抽头估计；⑨ 量测系统模型。

（4）配电网的负荷预报分为地区负荷预报和母线负荷预报。地区负荷预报是配电网一日至一周逐小时的总负荷或某一区域的负荷预报，主要用于购电计划与供电计划。母线负荷预报是配电网总的或是某一区域各负荷点的负荷预报，主要用于状态估计或潮流计算。

（5）配电网短路电流计算是用于计算相与相之间或相与地（或中性线）之间发生短路时流过的电流。

（6）配电网的电压和无功优化调度是在满足电压水平的要求下使网损降到最低。

49. 配电自动化系统主站建设改造有哪些要求？

答：（1）配电自动化系统主站监控范围为变电站 10kV 母线至 10kV 变压器（含公用、专用变压器），含 10kV 配电网络线路和开关类设备监测或控制。

（2）配电自动化系统主站应根据地区配电网规模和应用需求，宜按照“地县一体化”构架进行设计，配网实时信息量在 30 万点以上的大型县公司可单独建设主站。配电主站规模按照实施地区 3～5 年后配网实时信息总量进行设定，并按照大、中、小型进行差异化配置。

（3）配电自动化系统主站功能应符合 Q/GDW 513《配电自动化系统主站功能规范》相关要求。

（4）配电自动化系统主站规模分类应遵循以下原则：① 配网实时信息量在 10 万点以下的建设小型主站；② 配网实时信息量在 10 万～50 万点之间的建设中型主站；③ 配网实时信息量在 50 万点以上的建设大型主站。

50. 配电自动化系统主站的软件配置有哪些要求？

答：（1）基本功能。配电主站均应具备的基本功能包括配电 SCADA，模型/图形管理，馈线自动化，拓扑分析（拓扑着色、负荷转供、停电分析等），与调度自动化系统、GIS、PMS 等系统交互应用。

（2）扩展功能。配电主站可具备的扩展功能包括自动成图、操作票、状态估计、潮流计算、解合环分析、负荷预测、网络重构、安全运行分析、自愈控制、分布式电源接入与控制及经济优化运行等配电网分析应用以及仿真培训功能。

51. 配电自动化系统主站的信息安全有哪些要求？

答：（1）在信息安全Ⅰ、Ⅱ区之间安装国产硬件防火墙实施访问控制；

（2）在生产控制大区与管理信息大区之间部署正、反向电力系统专用网络安全隔离装置进行电力系统专用网络安全隔离；

（3）在信息安全Ⅲ、Ⅳ区之间安装国产硬件防火墙实施安全隔离；

（4）配电主站下发的遥控命令应带有基于调度证书的数字签名；

（5）主站前置机应采用经国家指定部门认证的安全加固操作系统，并采取严格的访问控制措施。

52. 配电自动化建设与改造过程中对配电终端的要求有哪些？

答：（1）配电终端应采用模块化、可扩展、低功耗的产品，具有高可靠性和适应性；

（2）配电终端的通信规约支持 DL/T 634.5—101、DL/T 634.5—104 规约；

（3）配电终端的结构形式应满足现场安装的规范性和安全性要求；

（4）配电终端电源可采用系统供电和蓄电池（或其他储能方式）相结合的供电模式；

（5）配电终端应具有明显的装置运行、通信、遥信等状态指示。

53. 配电自动化系统中的远动终端与传统远动终端有哪些区别？

答：配电自动化远动终端是自动化系统与一次设备联结的接口，主要用于配电系统变压器、断路器、重合器、分段器、柱上负荷开关、环网柜、调压器、无功补偿电容器的监视和控制，与馈电线主站通信，提供配电系统运行控制及管理所需的数据，执行主站给出的对配电设备的控制调节指令，以实现馈线自动化的各项功能。配电自动化远动终端实质上是介于远动终端与继电保护之间的一种自动化终端。

54. 配电自动化的运维管理有哪些主要内容？

答：运维与检修人员应定期进行巡视、检查、记录，发现异常应及时通知相关部门及时处理，做好记录并按有关规定上报。所有已投运设备应具有正确齐全的设备标志标识，配电终端设备标识与一次设备名称对应。各类维护操作如影响到系统正常使用，应提前向相关部门或人员提出申请，获得准许并办理手续后方可进行。涉及配电自动化系统参数变更调整的工作，应经专业管理部门审批后方可进行。遵循信息源端维护原则，保证信息的唯一性和准确性，各运维部门应每半年开展一次配电自动化系统信息正确性评估工作，确保配电自动化系统、配电相关系统（PMS、GIS 等）与现场实际网络接线、调度命名、设备编号的一致性；确保监测点配置的正确性。配电自动化线路故障抢修、运行方式调整和计划性停送电的倒闸操作，应坚持“应遥必遥”为原则，优先采用遥控操作。开展状态操作，各单位应制定开关状态操作工作计划，在不影响用户正常供电的情况下，每季度开展一次“三遥”开关的状态操作工作。

55. 配电自动化的缺陷管理有哪些主要内容？

答：配电自动化系统缺陷应按照影响大小分为危急缺陷、严重缺陷及一般缺陷三个等级。危急缺陷是指威胁人身或设备安全，严重影响设备运行、使用寿命及可能造成配电自动化系统失效，危及电力系统安全、稳定和经济运行的缺陷。此类缺陷必须在24h内消除。严重缺陷是指对设备功能、使用寿命及系统正常运行有一定影响或可能发展成为危急缺陷，但允许其带缺陷继续运行或动态跟踪一段时间的缺陷。此类缺陷时必须在5个工作日内消除。一般缺陷是指对人身和设备无威胁，对设备功能及系统稳定运行没有立即、明显的影响，且不至于发展为严重缺陷的缺陷。此类缺陷应列入检修计划尽快处理。当发生的缺陷威胁到其他系统或一次设备正常运行时，运维单位应及时采取有效的安全技术措施进行隔离。缺陷消除前，加强监视，防止缺陷升级。发生危急缺陷时，须立即上报公司相关职能管理部门。配电自动化设备缺陷须纳入生产管理系统、调度管理系统，实现缺陷闭环管理。地市公司运维检修部每月开展一次集中运行分析工作，组织对系统运行中存在的问题制定解决方案。

56. 配电自动化设备的投运和退役管理有哪些主要内容？

答：配电自动化项目应按照国家电网公司相关验收标准的要求，组织开展工程验收和实用化验收。配电终端投运前地市公司调度控制中心应根据配电运检部门提供的终端信息表对配电主站的监控信息、画面和遥信、遥测及遥控功能进行全面验收。新产品、新设备应按规定进行相关测试，履行入网手续，经挂网试运行和技术鉴定后方可投入正式运行，试运行期限不得少于半年。配电自动化系统设备退出运行时，应履行审批手续，经运检部门批准后方可执行。

57. 配电自动化的软件管理有哪些主要内容？

答：各单位应对配电自动化业务数据与应用系统进行备份，确保在数据损坏或系统崩溃情况下快速恢复数据与系统，保证系统安全性、可靠性。地市公司调度控制中心应及时对相关系统软件（操作系统、数据库系统及各种工具软件）漏洞发布信息，及时获得补救措施或软件补丁，对软件进行升级。地市公司调度控制中心应及时在本单位电力二次系统内部署、升级防病毒软件，并检查该软件检、杀病毒的情况，配电自动化系统安全防护应严格按照《电力二次系统安全防护规定》（国家电力监管委员会第5号令）和《中低压电网自动化系统安全防护补充规定（试行）》（国家电网调〔2011〕168号）要求执行。

58. 配电自动化设备台账图纸管理有哪些主要内容？

答：配电运检部门应对所管辖配电终端建立台账、设备缺陷等记录并录入生产管理信息系统（PMS）。配电运检部门应在设备变更前完成PMS单线图、台账更新工作，向配电自动化系统提交单线图应与向调度控制中心提交检修申请单同步完成。调度控制中心应做好配电自动化系统配电单线图的审核工作，及时更新图模数据和配电网络图。配电自动化相关管理部门应定期对设备台账等进行抽查。

第六章　继电保护配置

（一）基础篇

1. 电力系统继电保护的基本任务是什么？

答：（1）有选择地将故障元件从电力系统中快速、自动地切除，使其损坏程度减至最轻，并保证最大限度地恢复无故障部分的正常运行。

（2）反映电气元件的异常运行工况，根据运行维护的具体条件和设备的承受能力，发出报警信号、减负荷或延时跳闸。

（3）依据实际情况，尽快自动恢复对停电部分的供电。

2. 电力系统继电保护的基本原理是什么？

答：继电保护主要利用电力系统中元件发生短路或异常情况时的电气量（电流、电压、功率及频率等）的变化，构成继电保护动作的原理，也有其他的物理量，如变压器油箱内故障时伴随产生的大量瓦斯或油压强度的增高。大多数情况下，不管反映哪种物理量，继电保护装置将包括测量部分（和定值调整部分）、逻辑部分及执行部分。

3. 什么是主保护，什么是后备保护？

答：（1）主保护是满足系统稳定和设备安全要求，能以最快速度有选择地切除被保护设备和线路故障的保护。

（2）后备保护是主保护或断路器拒动时，用以切除故障的保护。后备保护可分为远后备保护和近后备保护两种。

4. 什么是远后备保护，什么是近后备保护？

答：远后备是指当主保护或断路器拒动时，由相邻电力设备或线路的保护实现后备；近后备是当主保护拒动时，由该电力设备或线路的另一套保护实现后备的保护；当断路器拒动时，由断路器失灵保护来实现后备保护。

5. 继电保护装置的基本要求是什么？

答：继电保护装置应满足可靠性、选择性、灵敏性和速动性的要求。这“四性”之间紧密联系，既矛盾又统一。

（1）可靠性是指保护该动作时可靠动作，不该动作时应可靠不动作。可靠性主要由配置结构合理、质量优良和技术性能满足运行要求的继电保护装置以及符合有关规程要求的运行维护和管理来保证。

（2）选择性是指首先由故障设备或线路本身的保护切除故障，当故障设备或线路本身的保护或断路器拒动时，才允许由相邻设备保护、线路保护或断路器失灵保护切除故障。

（3）灵敏性是指在设备或线路的被保护范围内发生金属性短路时，保护装置应具有必要的灵敏系数，各类保护的最小灵敏系数在规程有具体规定。通过继电保护的整定实现选择性和灵敏性的要求。

（4）速动性是指保护装置应尽快地切除短路故障，其目的是提高系统稳定性，减轻故障设备和线路的损坏程度，缩小故障波及范围，提高自动重合闸和备用电源或备用设备自动投入的效果等。一般从装设速动保护（如高频保护和差动保护）、充分发挥零序接地瞬时段（一般称为第一段）保护及相间速断保护的作用、减少继电器固有动作时间和开关跳闸时间等方面入手来提高速动性。

6. 配电网线路三段式过电流保护各段保护范围是什么？

答：速断保护：其保护范围不能超出被保护线路末端。

限时速断保护：其保护范围不仅包括线路的全长，而且深入相邻线路的速断保护区，但不保护相邻线路的全部。

过电流保护：其保护范围不仅包括线路的全部，还作为相邻线路的后备保护。

7. 为保证继电保护的选择性，上、下级继电保护之间逐级配合应满足什么要求？

答：上、下级电网（包括同级和上一级及下一级电网）继电保护之间的整定，应遵循逐级配合的原则，满足选择性的要求，即当下一级线路或元件故障时，故障线路或元件的继电保护整定值必须在灵敏度和动作时间上与上一级线路或元件的继电保护整定值相互配合，以保证电网发生故障时有选择性地切除故障。

8. 配电网中保护装置的继电器一般分为哪几种？

答：（1）继电器按在继电保护中的作用，可分为测量继电器和辅助继电器两大类。

（2）继电器按结构型式不同，目前可分为电磁型、感应型、整流型以及静态型。

9. 配电网中的变压器一般应装设哪些保护？

答：（1）应装设反映内部短路和油面降低的瓦斯保护。

（2）应装设反映变压器绕组和引出线多相短路及绕组匝间短路的（纵联）差动保护或电流速断保护。

（3）应装设作为变压器外部相间短路和内部短路的后备保护的过电流保护（或带有复合电压启动的过电流保护）。

（4）应装设为防止变压器过负荷的变压器过负荷（信号）保护。

10. 配电网中什么情况下变压器应装设瓦斯保护？

答：0.8MVA 及以上油浸式变压器和 0.4MVA 及以上户内油浸式变压器均应装设瓦斯保

护，当壳内故障产生轻微瓦斯或油面下降时，应瞬时动作于信号；当产生大量瓦斯时，应动作于断开变压器各侧断路器。带负荷调压的油浸式变压器的调压装置亦应装设瓦斯保护。

11. 为什么配电网主变压器差动保护不能代替瓦斯保护？

答： 配电网中主变压器瓦斯保护能反应变压器油箱内的任何故障，如铁芯过热烧伤、油面降低等，但差动保护对此无反应。又如变压器绕组发生匝间短路，虽然短路匝内短路电流很大会造成局部绕组严重过热，产生强烈的油向储油柜方向冲击，但在相电流上却表现不明显，因此差动保护没有反应，但瓦斯保护对此却能灵敏地加以反应，这就是差动保护不能代替瓦斯保护的原因。

12. 35kV 及以下线路常见的相间短路保护有哪些？

答： 35kV 及以下线路常见的相间短路保护有瞬时电流速断保护、限时电流速断保护及过电流保护。

13. 什么是阶段式电流保护？

答： 为了迅速、可靠地切除被保护线路的故障，将瞬时电流速断保护、限时电流速断保护及过电流保护三种电流保护组合在一起构成的一整套保护。一般是构成三段式电流保护，瞬时电流速断保护为第Ⅰ段，限时电流速断保护为第Ⅱ段，过电流保护为第Ⅲ段，Ⅰ、Ⅱ段共同构成主保护，第Ⅲ段作为后备保护。阶段式电流保护不一定都用三段，也可以只用两段（即瞬时或限时电流速断保护第Ⅰ段、过电流保护第Ⅱ段，构成两段式电流保护）。

14. 什么是自动重合闸？为什么要采用自动重合闸？

答： 自动重合闸装置是将因故障跳开后的断路器按需要自动投入的一种自动装置。

电力系统运行经验表明，架空线路绝大多数的故障都是瞬时性的。因此，在由继电保护动作切除短路故障之后，电弧将熄灭，绝大多数情况下短路处的绝缘可以自动恢复。因此，自动将断路器重合，不仅提高了供电的安全性和可靠性，减少了停电损失，还提高了电力系统的暂态稳定水平，增大了高压线路的送电容量，也可纠正由于断路器或继电保护装置造成的误跳闸。所以，线路要采用自动重合闸装置。

15. 配电网线路重合闸时间如何整定？

答： 配电网线路一般采用后加速的三相一次重合闸，由于安装于末级保护上，所以不需要与其他保护配合。重合闸整定时间需考虑重合闸的重合成功率及缩短重合时间，尽量减少对用户的影响。

重合闸的成功率主要决定于电弧熄灭时间、外力造成故障时的短路物体滞空时间（如树木等）。电弧熄灭时间一般小于 0.5s，但短路物体滞空时间往往较长，因此，为提高重合闸重合成功率，重合闸时间宜大于 0.5s。

16. 配电网线路自动重合闸的启动方式有哪几种？各有什么特点？

答：自动重合闸有两种启动方式，分别是断路器控制开关位置与断路器位置不对应启动方式和保护启动方式。

（1）不对应启动方式的优点是简单可靠，还可以纠正断路器误碰或偷跳，可提高供电可靠性和系统运行的稳定性，在各级电网中具有良好运行效果，是所有重合闸的基本启动方式。其缺点是当断路器辅助触点接触不良时，不对应启动方式将失效。

（2）保护启动方式是不对应启动方式的补充。其缺点是不能纠正断路器误动。

17. 配电网中备自投动作遵循的基本原则是什么？

答：（1）满足充电条件；

（2）工作母线失压（非 TV 断线造成），工作电源无流；

（3）检查有无其他外部条件闭锁备自投；

（4）跳开与原工作电源相连接的断路器，以免备用电源合闸于故障；

（5）检查备用电源是否合格，如满足要求则合上工作母线与备用电源相连的断路器；

（6）备自投只动作一次，动作投于永久性故障的设备上时应加速跳闸，闭锁备自投装置。

18. 常见的电力电容器保护主要有哪些类型？

答：（1）熔丝保护；

（2）延时电流速断保护；

（3）过电流保护；

（4）过电压保护；

（5）低电压保护；

（6）单星形接线电容器组开口三角电压保护；

（7）单星形接线电容器组电压差动保护；

（8）双星形接线电容器组的中性线不平衡电流保护。

19. 继电保护配置的总体要求是什么？

答：（1）运行中的电力设备，一般应有分别作用于不同断路器，且整定值有规定灵敏系数的两套独立的保护装置作为主保护和后备保护，以确保电力设备的安全。

（2）35kV 及以下电网继电保护一般采用远后备原则，即在临近故障点的断路器处装设的继电保护，或该断路器本身拒动时，能由电源侧上一级断路器处的继电保护动作切除故障。

20. 配电网变压器保护配置有哪些要求？

答：（1）0.8MVA 及以上油浸式变压器和 0.4MVA 及以上户内油浸式变压器，均应装设瓦斯保护。

（2）变压器的内部、套管及引出线的短路故障，按其容量及重要性的不同，应装设电流速断保护或纵差保护作为主保护，并瞬时动作于断开变压器的各侧断路器；

（3）对降压变压器、升压变压器，根据各侧接线、连接的系统和电源情况的不同，应配置不同的相间短路后备保护，该保护宜考虑能反映电流互感器与断路器之间的故障；

（4）10～35kV系统专用接地变压器应按上述要求配置主保护和相间后备保护；

（5）0.4MVA 及以上数台并列运行的变压器和作为其他负荷备用电源的单台运行变压器，根据实际可能出现过负荷情况，应装设过负荷保护。

21. 对单电源线路的相间短路，应按什么原则装设保护装置？

答：单电源线路，可装设一段或两段式电流速断和过电流保护，必要时可增设复合电压闭锁元件。由几段线路串联的单侧电源线路及分支线路，如上述保护不能满足选择性、灵敏性和速动性的要求时，速断保护可无选择地动作，但应以自动重合闸来补救。此时，速断保护应躲开降压变压器低压母线的短路。

22. 双侧电源线路如何选择重合闸方式？

答：双侧电源线路选用一侧检无压，另一侧检同期重合闸方式，也可酌情选用下列重合闸方式：

（1）带地区电源的主网终端线路，宜选用解列重合闸方式，终端线路发生故障，在地区电源解列（或跳闸联切）后，主网侧检无压重合。

（2）双侧电源单回线路也可选用解列重合闸方式。

23. 在哪些情况下，应装设备用电源自动投入装置？

答：（1）具有备用电源的变电站所用电源；

（2）由双电源供电，其中一路电源断开作为备用电源；

（3）降压变电站内有备用变压器或有互为备用的电源。

24. 电网继电保护的整定要求是什么？

答：电网继电保护的整定应满足可靠性、选择性、灵敏性和速动性的要求，如果由于电网运行方式、装置性能等原因，不能兼顾选择性、灵敏性和速动性的要求，则应在整定时，保证规定的灵敏系数要求，同时，按照如下原则合理取舍：

（1）地区电网服从主系统电网；

（2）下一级电网服从上一级电网；

（3）保护电力设备的安全；

（4）保重要用户供电。

25. 变压器纵联差动保护应满足哪些要求？

答：（1）应能躲过励磁涌流和外部短路产生的不平衡电流。

（2）在变压器过励磁时不应误动作。

（3）在电流回路断线时应发生断线信号，电流回路断线允许差动保护动作跳闸。

（4）在正常情况下，纵联差动保护的保护范围应包括变压器套管和引出线，如不能包括引出线时，应采取快速切除故障的辅助措施。

26. 线路保护中哪些情况下允许适当牺牲部分选择性？

答：（1）接入供电变压器的终端线路，无论是一台或多台变压器并列运行（包括多处T接供电变压器或供电线路），都允许线路侧的速动段保护按躲开变压器其他母线故障整定。需要时，线路速动段保护可经一短时限动作。

（2）对串联供电线路，如果按逐级配合的原则将过分延长电源侧保护的动作时间，则可将容量较小的某些中间变电站按T接变电站或不配合点处理，以减少配合的级数，缩短动作时间。

（3）在构成环网运行的线路中，允许设置预定的一个解列点或一回解列线路。

27. 为保证继电保护的稳定运行，在安排运行方式时，应考虑哪些问题？

答：（1）在电网的某些点上以及与主网相连的有电源的地区电网中，应设置合适的解列点，以便采取有效的解列措施，确保主网的安全和地区电网重要用户供电。

（2）避免采用多级串供的终端运行方式。

（3）避免采用不同电压等级的电磁环网运行方式。

28. 当配电网线路继电保护和安全自动装置出现异常时应如何处理？

答：配电网线路继电保护系统在运行中出现异常告警等信号、信息，现场运维人员不得轻易复归，应将异常现象及初步定性详细报告相应调控员和本单位运行管理部门，并按调度指令和缺陷管理流程处理。对危急缺陷，应立即准备应急操作，做好事故预想；对严重缺陷，应做好缺陷处理准备工作。继电保护系统有误动危险等紧急情况下，现场运维人员可先行将保护退出，再及时向相应调控员汇报。异常消除后，现场运维人员应将异常原因及处理结果及时报告相应调控员。

29. 什么情况下应该停用配电网整套微机继电保护装置？

答：（1）微机继电保护装置使用的交流电压、交流电流、开关量输入、开关量输出回路作业。

（2）装置内部作业。

（3）继电保护人员输入定值有需要时。

（4）微机继电保护装置发生故障不能正常运行。

30. 配电网线路过负荷报警如何整定？

答：线路负荷重或大于线路出口处导线的最大安全电流，或有可能造成过电流跳闸时，需提醒运维人员，所以宜设置线路过负荷告警。过负荷告警定值按躲过线路允许最大负荷电流整定计算。

$$I_{dz1} = K_k / K_f \times I_{fhmax}$$

式中　I_{dz1}——过负荷一次值；

K_k——可靠系数，取 1.0～1.2；

K_f——返回系数，0.85～0.95，微机保护建议取 0.95；

I_{fhmax}——线路允许最大负荷电流，可合理从出口处线路的载流量、电流互感器一次额定值、过电流保护中取的最大负荷电流、所带配电变压器的额定电流值（客户专线容量较小时）四值中选择较小值。过负荷告警应设定一定延时。

31. 配电网继电保护和安全自动装置的运行状态分为哪几种？

答：继电保护和安全自动装置的运行状态一般分为跳闸、信号、停用三种状态。跳闸指继电保护功能压板、出口压板（包括跳各断路器的跳闸压板、合闸压板及启动重合闸压板）等均按正常方式投入，装置电源开启；信号指继电保护功能压板投入，出口压板退出；停用指继电保护功能压板、出口压板均退出，装置电源关闭。

32. 用于整定计算的哪些一次设备参数必须采用实测值？

答：（1）三相三柱式变压器的零序阻抗；

（2）66kV 及以上架空线路和电缆线路的阻抗；

（3）平行线之间的零序互感阻抗；

（4）双回线路的同名相间和零序的差电流系数；

（5）其他对继电保护影响较大的有关参数。

33. 什么是自动低频低压减负荷装置？

答：当系统中出现频率、电压下降时，根据下降的程度，自动断开一部分用户，阻止频率、电压下降，以使频率、电压迅速恢复到正常值，这种装置叫自动低频低压减负荷装置。它不仅可以保证对重要用户的供电，而且可以避免频率、电压下降引起的系统瓦解事故。

34. 继电保护快速切除故障对电力系统有哪些好处？

答：快速切除故障的好处有：

（1）提高电力系统的稳定性。

（2）电压恢复快，电动机容易自启动并迅速恢复正常，从而减少对用户的影响。

（3）减轻电气设备的损坏程度，防止故障进一步扩大。

（4）短路点易于去游离，提高重合闸的成功率。

35. 什么叫定时限过电流保护？什么叫反时限过电流保护？

答：为了实现过电流保护的动作选择性，各保护的动作时间一般按阶梯原则进行整定。即相邻保护的动作时间，自负荷向电源方向逐级增大，且每套保护的动作时间是恒定不变的，与短路电流的大小无关。具有这种动作时限特性的过电流保护称为定时限过电流保护。

反时限过电流保护是指动作时间随短路电流的增大而自动减小的保护。能更快的切除被保护线路首端的故障。

36. 何谓系统的最大、最小运行方式？

答：在继电保护的整定计算中，一般都要考虑电力系统的最大与最小运行方式。最大运行方式是指在被保护对象末端短路时，系统的等值阻抗最小，通过保护装置的短路电流为最大的运行方式。最小的运行方式是指在上述同样的短路情况下，系统等值阻抗最大，通过保护装置的短路电流为最小的运行方式。

37. 新安装或二次回路经变动后的变压器差动保护须做哪些工作后方可正式投运？

答：新安装或二次回路经变动后的差动保护，应在变压器充电时将差动保护投入运行；带负荷前将差动保护停用；带负荷后测量负荷电流相量和继电器的差电压，正确无误后，方准将差动保护正式投入运行。

38. 电流闭锁电压速断保护比单一的电流或电压速断保护有什么优点？

答：电流闭锁电压速断保护的整定原则是从正常运行方式出发，使电流和电压元件具有相等的灵敏度，因而在正常运行方式下，有足够大的保护区，且在最大或最小运行方式下也不会误动作。它比单一的电流或电压速断保护的保护区大。

39. 何谓复合电压闭锁过电流保护？

答：复合电压闭锁过电流保护，是在过电流保护的基础上，加入由一个负序电压继电器和一个接在相间电压上的低电压继电器组成的复合电压启动元件构成的保护。只有在电流测量元件及电压启动元件均动作时，保护装置才能动作于跳闸。

40. 小接地电流系统中，为什么单相接地保护在多数情况下只是用来发信号，而不动作于跳闸？

答：小接地电流系统中，一相接地时并不破坏系统电压的对称性，通过故障点的电流仅为系统的电容电流，或是经过消弧线圈补偿后的残流，其数值很小，对电网运行及用户的工作影响较小。为了防止再发生一点接地时形成短路故障，一般要求保护装置及时发出预告信号，以便值班人员酌情处理。

41. 35kV 中性点不接地电网中，线路相间短路保护配置的原则是什么？

答：相间短路保护配置的原则是：

（1）当采用两相式电流保护时，电流互感器应装在各出线同名相上（例如 A、C 相）。

（2）保护装置采用远后备方式。

42. 什么叫电流互感器的接线系数？接线系数有什么作用？

答： 通过继电器的电流与电流互感器二次电流的比值叫电流互感器的接线系数，即

$$K_C=I_K/I_2$$

式中 I_K——流入继电器中的电流；

I_2——流人电流互感器的二次电流。

接线系数是继电保护整定计算中的一个重要参数，对各种电流保护测量元件动作值的计算，都要考虑接线系数。

43. 过电流保护的整定值为什么要考虑继电器的返回系数？而电流速断保护则不需要考虑？

答： 过电流保护的动作电流是按躲过最大负荷电流整定的，一般能保护相邻设备。在外部短路时，电流继电器可能启动，但在外部故障切除后（此时电流降到最大负荷电流），必须可靠返回，否则会出现误跳闸。考虑返回系数的目的，就是保证在上述情况下，保护能可靠返回。

电流速断保护的动作值，是按避开预定点的最大短路电流整定的，其整定值远大于最大负荷电流，故不存在最大负荷电流下不返回的问题。再者，瞬时电流速断保护一旦起动立即跳闸，根本不存在中途返回问题，故电流速断保护不考虑返回系数。

44. 什么叫电压互感器反充电？对保护装置有什么影响？

答： 通过电压互感器二次侧向不带电的母线充电称为反充电。若反充电电流较大，将造成运行中电压互感器二次侧小开关跳开或熔断器熔断，使运行中的保护装置失去电压，可能造成保护装置的误动或拒动。

45. 电力系统在什么情况下运行将出现零序电流？试举例说明。

答： 电力系统在三相不对称运行状况下将出现零序电流，例如：

（1）电力变压器三相运行参数不同。

（2）电力系统中有接地故障。

（3）单相重合闸过程中的两相运行。

（4）三相重合闸和手动合闸时断路器三相不同期投入。

（5）空载投入变压器时三相的励磁涌流不相等。

46. 配电网线路对自动重合闸装置有哪些基本要求？

答：（1）在下列情况下，重合闸不应动作。

1）由值班人员手动分闸或通过遥控装置分闸时。

2）手动合闸，由于线路上有故障，而随即被保护跳闸时。

3）因自动装置动作跳闸时。

（2）除上述情况外，当断路器由继电保护动作或其他原因跳闸后，重合闸均应动作，使

断路器重新合上。

（3）自动重合闸装置的动作次数应符合预先的规定，如一次重合闸就只应实现重合一次，不允许第二次重合。

（4）自动重合闸在动作以后，一般应能自动复归，准备好下一次故障跳闸的再重合。

（5）应能和继电保护配合实现前加速或后加速切除故障。

（6）在双侧电源的线路上实现重合闸时，应考虑合闸时两侧电源间的同期问题，即能实现无压检定和同期检定。

（7）当断路器处于不正常状态（如气压或液压过低等）而不允许实现重合闸时，应自动地将自动重合闸闭锁。

（8）自动重合闸宜采用控制开关位置与断路器位置不对应的原则来启动重合闸。

47. 新安装继电保护装置竣工后，验收的主要项目是什么？

答：新安装的保护装置竣工后，验收的主要项目如下：

（1）电气设备及线路有关实测参数完整正确。

（2）全部保护装置竣工图纸符合实际。

（3）装置定值符合整定通知单要求。

（4）检验项目及结果符合检验条例和有关规程的规定。

（5）核对电流互感器变比及伏安特性，其二次负荷满足误差要求。

（6）屏前、后的设备应整齐、完好，回路绝缘良好，标志齐全、正确。

（7）二次电缆绝缘良好，标号齐全、正确。

（8）用一次负荷电流和工作电压进行验收试验，判断互感器极性、变比及其回路的正确性，判断方向、差动、距离、高频等保护装置有关元件及接线的正确性。

（二）提高篇

48. 有一台 Y_0/△/△－11 型容量为 S＝40/20/20MVA、电压为 115/6.3/6.3kV 变压器，TA 二次接成全星型，试计算装设微机差动保护时，变压器一、二次电流互感器分别选用多大变比；各侧的平衡系数为多少？

答：（1）经计算确定高压侧 TA 变比选 600/5 或 400/5、两低压侧 TA 变比选 3000/5 或 2000/5 均为正确。

（2）若 600/5 或 3000/5，则高压侧系数选 1，低压侧为 0.527；

若 400/5 或 2000/5，则高压侧系数选 1，低压侧为 0.527；

若 600/5 或 2000/5，则高压侧系数选 1，低压侧为 0.79；

若 400/5 或 3000/5，则高压侧系数选 1，低压侧为 0.531。

49. 对于同杆架设的具有互感的双回路，在双线运行和单线运行（另一回线两端接地）的不同运行方式下，试计算在线路末端故障零序等值电抗和零序补偿系数的计算值。

答：设 $X_{01}=3X_1$，$X_{0M}=0.6X_{01}$。（X_{01} 为线路零序电抗，X_{0M} 线路互感电抗）

（1）双线运行时一次系统示意图如下：

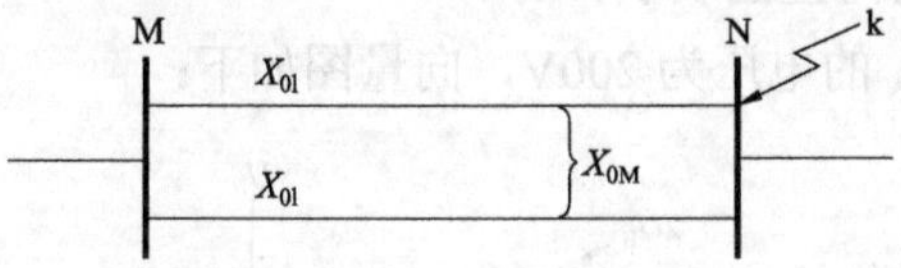

等值电路图如下：

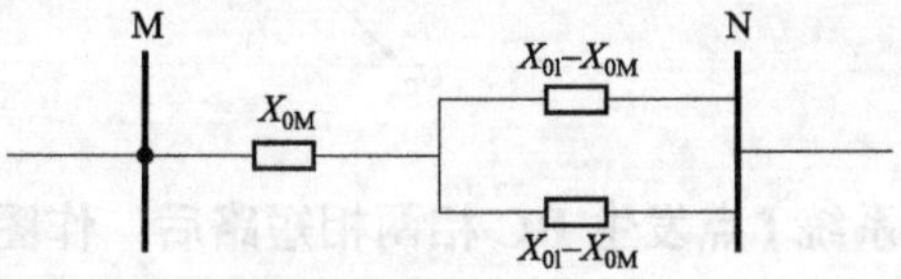

双线运行时零序等值电抗 X_0 为

$$X_0 = X_{0M} + \frac{1}{2}(X_{01} - X_{0M}) = 0.6X_{01} + \frac{1}{2}\times 0.4X_{01}$$
$$= 0.8X_{01} = 2.4X_1$$

零序补偿系数 K 为

$$K = \frac{X_0 - X_1}{3X_1} = 0.47$$

（2）单回线运行另一回线两端接地时一次系统示意图如下：

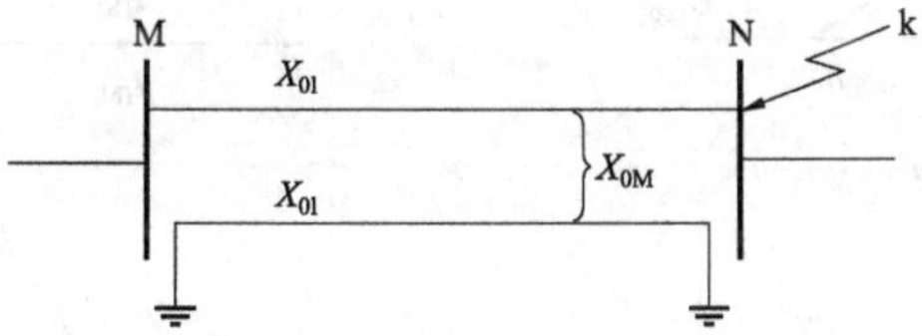

等值电路图如下：

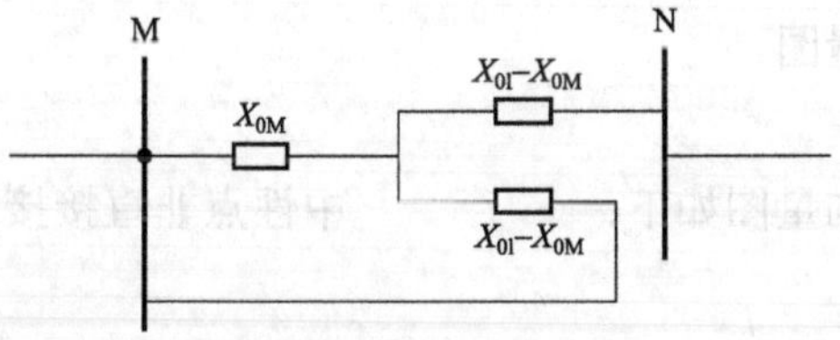

单回线运行另一回线两端接地时零序等值电抗 X_0 为

$$X_0 = \frac{X_{0M}(X_{01} - X_{0M})}{X_{0M} + (X_{01} + X_{0M})} + (X_{01} - X_{0M}) = X_{01} - \frac{X_{0M}^2}{X_{01}}$$

$$= X_{01} - \frac{(0.6X_{01})^2}{X_{01}} = 0.64X_{01} = 1.92X_1$$

零序补偿系数 K 为

$$K = \frac{X_0 - X_1}{3X_1} = 0.31$$

50. 对大接地电流系统，如果电压互感器开口三角中 B 相线圈的极性接反，正常运行时 U_L–U_N 的电压为多少？请用向量图表示。

答：正常运行时 U_L–U_N 的电压为 200V，向量图如下：

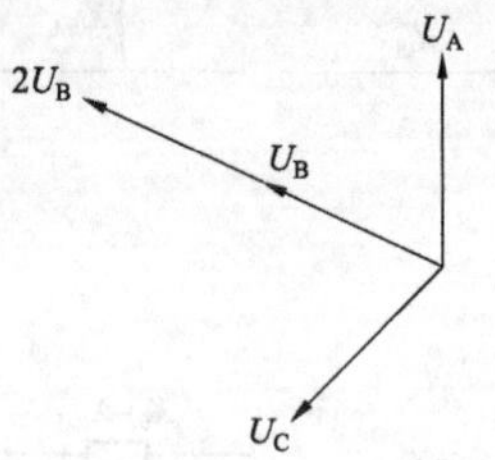

51. 如下图所示电网，系统 f 点发生 BC 相两相短路后，作图分析发电机侧的电流。

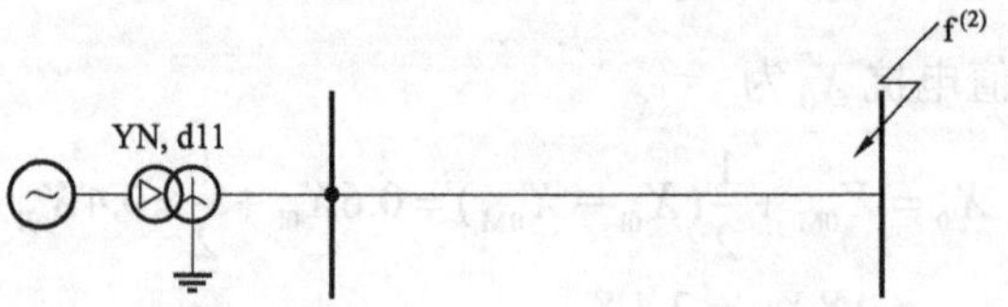

答：

YN 侧电流向量图如下：

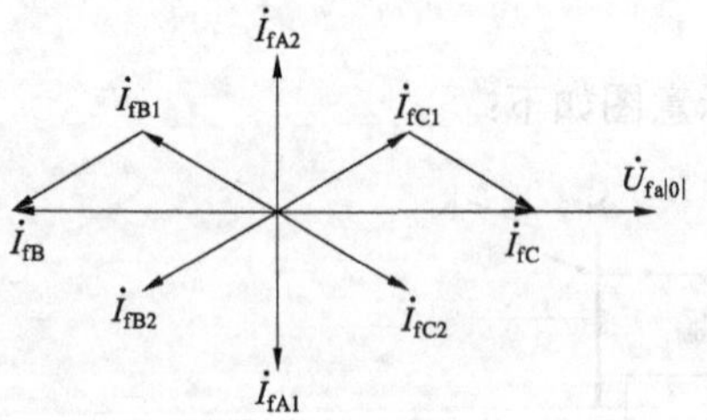

发电机侧电流向量图如下：

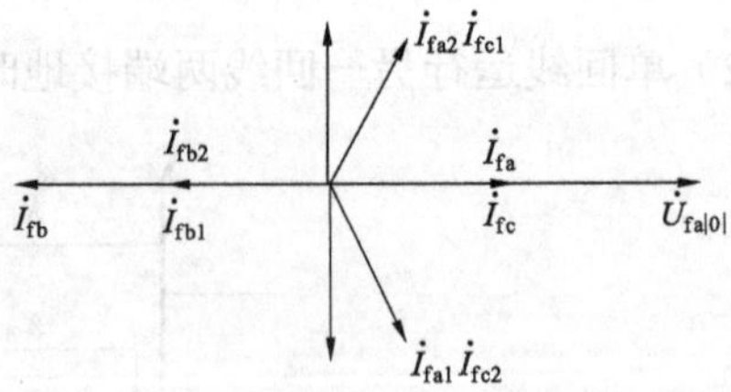

52. 试画出中性点直接接地电网（假设 $\Sigma Z_0=\Sigma Z_1$）和中性点非直接接地电网发生 A 相接地故障时，三相电压的向量图。

答：

中性点直接接地电网向量图如下：

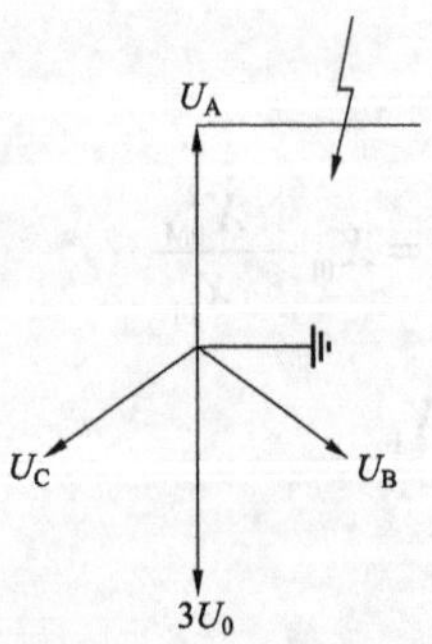

中性点非直接接地电网向量图如下：

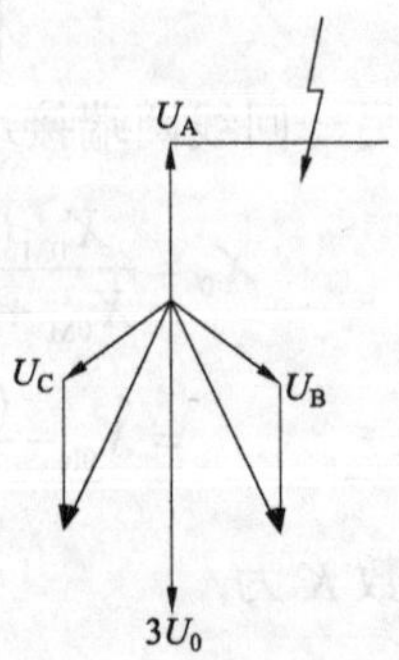

53. 由 A、C 相电流互感器差接线构成的保护，当被保护线路发生各种相间短路故障时，以三相短路为基准，其相对灵敏度各如何？

答：因为三相短路时流经继电器的电流 $I_k=\sqrt{3}I^{(3)}$，AC 两相短路时流经继电器的电流为

$$I_k=2I^{(2)}=2\times\frac{\sqrt{3}}{2}I^{(3)}$$

BC 两相短路时流经继电器的电流为

$$I_k=I^{(2)}=\frac{\sqrt{3}}{2}I^{(3)}$$

AB 两相短路时流经继电器的电流为

$$I_k=I^{(2)}=\frac{\sqrt{3}}{2}I^{(3)}$$

所以，以三相短路时的灵敏度 $K_a=1$ 为基准，则 AC 相短路时 $K_a=1$，AB、BC 相短路时 $K_a=\frac{1}{2}$。

54. 试计算图示系统方式下断路器 A 处的相间距离保护Ⅱ段定值，并校验本线末端灵敏度。已知：线路参数（一次有名值）为：Z_{AB}=20Ω（实测值），Z_{CD}=30Ω（计算值）；变压器参数为：Z_T=100Ω（归算到 110kV 有名值）；D 母线相间故障时：I_1=1000A、I_2=500A；可靠系数：对于线路取 K_k=0.8～0.85，对于变压器取 K_k=0.7；配合系数：取 K_{ph}=0.8。

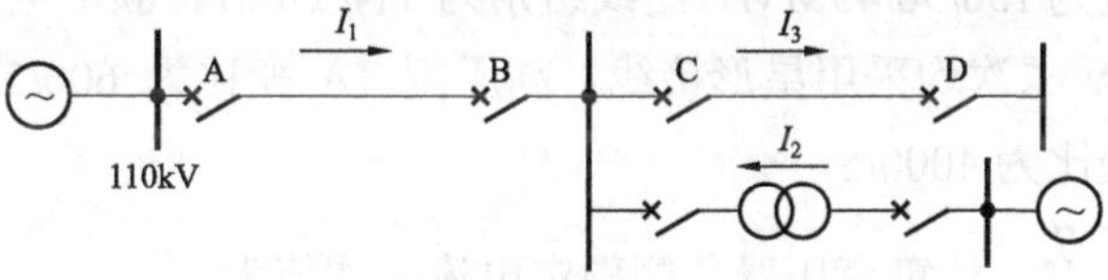

答：与相邻线距离Ⅰ段配合：

$$Z_{CI}=0.8\times30=24\ (\Omega)$$

$$Z_{AII}=0.85\times20+0.8\times\frac{1000+500}{1000}\times24=45.8\ (\Omega)$$

躲变压器低压侧故障整定：

$$Z_{AII}=0.85\times20+0.7\times100=87\ (\Omega)$$

综合 1、2，取 $Z_{AII}=45.8$（Ω）（一次值有名值）

灵敏度校验：$K_m=\frac{45.8}{20}=2.29>1.5$，符合相关规程要求。

55. 如下图所示，断路器 A、断路器 B 均配置限时速断，定时限过电流保护，已知断路器 B 的定值（二次值），请计算断路器 A 的定值（要求提供二次值）。

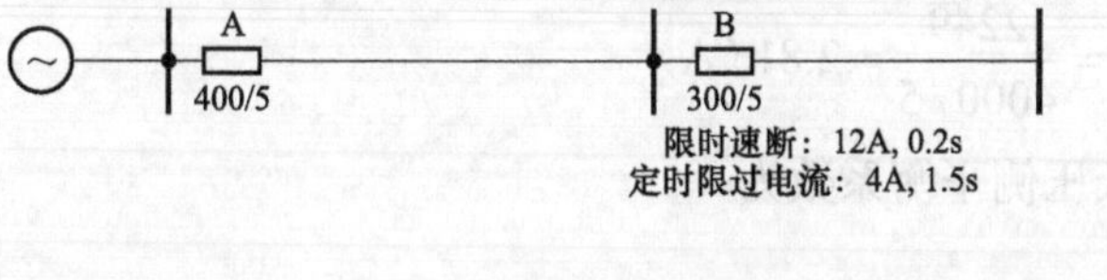

答：断路器 B：

时限速断：$n_{TA}=\frac{300}{5}$，$I_{setI}=12$（A），0.2″

则一次值 $I_{B1}=n_{TA}\times I_{setI}=60\times 12=720$（A）

定时限过电流：$n_{TA}=\frac{300}{5}$，$I_{setII}=4$（A），1.5″

则一次值 $I_{B2}=n_{TA}\times I_{setII}=60\times 4=240$（A）

断路器 A 定值 $n_{TA}=\frac{400}{5}$

时限速断：与断路器 B 的时限速断配合（K_k=1.15）

$$I_{OPI}=K_K\times\frac{I_{B1}}{n_{TA}}=1.15\times\frac{720}{80}=10.35\text{（A）}$$

取值：10.5A，0.7″

定时限过电流：与断路器 B 的过电流配合（K_k=1.15）

$$I_{OPII}=K_K\times\frac{I_{B2}}{n_{TA}}=1.15\times\frac{240}{80}=3.45\text{（A）}$$

取值：3.5A，2.0″

56. 计算变压器微机型主变压器差动保护各侧额定电流及各侧平衡系数。

参数表：额定容量为150/90/45MVA，结线组别为YN/Yn/d11，额定电压为230/110/38.5kV，主变压器差动保护 TA 二次均采用星形接线。高压侧 TA 变比为 600/5；中压侧 TA 变比为 1200/5；低压侧 TA 变比为 4000/5。

答：（1）按 $I_e=\frac{S_e}{\sqrt{3}U_e}$ 计算变压器各侧额定电流一次值为

230kV 侧：$I_{eH}=\frac{150\,000}{\sqrt{3}\times 230}=376$（A）

110kV 侧：$I_{eM}=\frac{150\,000}{\sqrt{3}\times 110}=787$（A）

38.5kV 侧：$I_{eL}=\frac{150\,000}{\sqrt{3}\times 38.5}=2249$（A）

（2）按 $I_2=\frac{I_e}{n_{TA}}$ 计算变压器各侧电流二次值为

230kV 侧：$I_{2H}=\frac{376}{600/5}=3.13$（A）

110kV 侧：$I_{2M}=\frac{787}{1200/5}=3.28$（A）

38.5kV 侧：$I_{2L}=\frac{2249}{4000/5}=2.81$（A）

（3）高、中、低压侧平衡系数为

230kV 侧：$K_{PH}=\dfrac{3.13}{3.13\sqrt{3}}=1/\sqrt{3}$

110kV 侧：$K_{PM}=\dfrac{3.13}{3.28\sqrt{3}}=0.95/\sqrt{3}$

38.5kV 侧：$K_{PL}=\dfrac{3.13}{2.81}=1.11$

57. 有一台 Y/△-11 接线、容量为 31.5MVA、变比为 115/10.5（kV）的变压器，一次侧电流为 158A，二次侧电流为 1730A。一次侧电流互感器的变比 K_{TAY}=300/5，二次侧电流互感器的变比 $K_{TA\triangle}$=2000/5，在该变压器上装设差动保护，试计算差动回路中各侧电流及流入差动继电器的不平衡电流分别是多少？

答：由于变压器为 Y/△-11 接线，为校正一次线电流的相位差，要进行相位补偿。

变压器 115kV 侧二次回路电流为

$$I_{2Y}=\frac{I_Y}{K_{TAY}}\times\sqrt{3}=\frac{158}{60}\times\sqrt{3}=4.56\text{（A）}$$

变压器 10.5kV 侧二次回路电流为

$$I_{2\triangle}=\frac{I_\triangle}{K_{TA\triangle}}=\frac{1730}{400}=4.32\text{（A）}$$

流入差动继电器的不平衡电流为

$$I_{BPH}=I_{2Y}-I_{2\triangle}=4.56-4.32=0.24\text{（A）}$$

58. 某接地系统发生单相接地（设为 A 相）故障时，三个线电流各为 $I_A=1500$ A、$I_B=0$、$I_C=0$，试求这组线电流的对称分量，并作向量图。

答：设 $\dot{I}_A$=1500∠0° A，则零序分量

$$\dot{I}_0=1/3（\dot{I}_A+\dot{I}_B+\dot{I}_C）=1/3\times1500=500\text{（A）}$$

正序分量 $\dot{I}_1=1/3（\dot{I}_A+\alpha\dot{I}_B+\alpha2\,\dot{I}_C）=500$（A）

负序分量 $\dot{I}_2=1/3（\dot{I}_A+\alpha2\,\dot{I}_B+\alpha\dot{I}_C）=500$（A）

正序向量图如下： 负序向量图如下： 零序向量图如下：

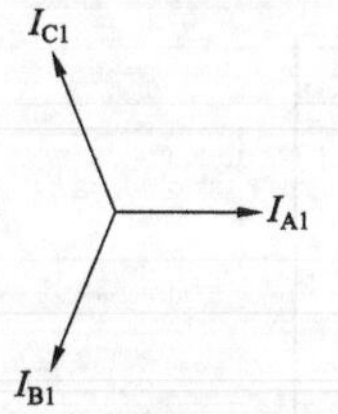

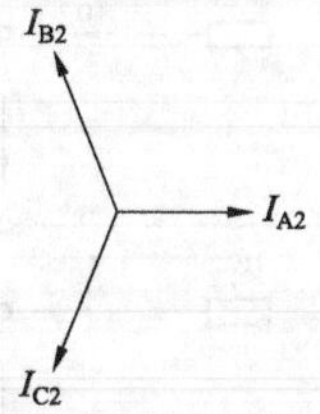

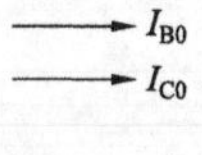

59. 试计算如图所示接线在三相短路时电流互感器的视在负荷。

答：A 相电流互感器两端的电压为

$\dot{U}_a=(\dot{I}_a-\dot{I}_b)Z_1-(\dot{I}_c-\dot{I}_a)Z_1$

$=\sqrt{3}\dot{I}_aZ_1e^{j30°}-\sqrt{3}\dot{I}_aZ_1e^{j150°}$

$$=\sqrt{3}\dot{I}_aZ_1(e^{j30°}-e^{j150°})$$
$$=\sqrt{3}\dot{I}_aZ_1[(\cos30°+j\sin30°)-(\cos150°+j\sin150°)]$$
$$=\sqrt{3}\dot{I}_aZ_1\left(\frac{\sqrt{3}}{2}+\frac{\sqrt{3}}{2}\right)$$
$$=3\dot{I}_aZ_1$$

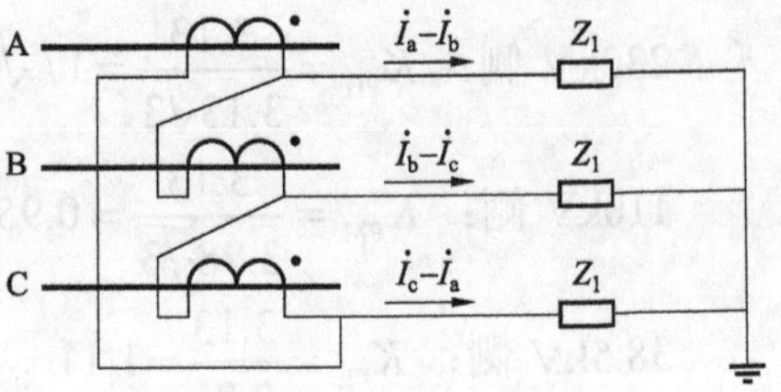

故 A 相电流互感器的视在负荷为 $Z_H=\frac{\dot{U}_a}{\dot{I}_a}=3Z_1$。同理可计算出 B、C 相电流互感器的视在负荷也为 $3Z_1$。

60. 如图所示系统中的 k 点发生三相金属性短路，试用标幺值求次暂态电流。

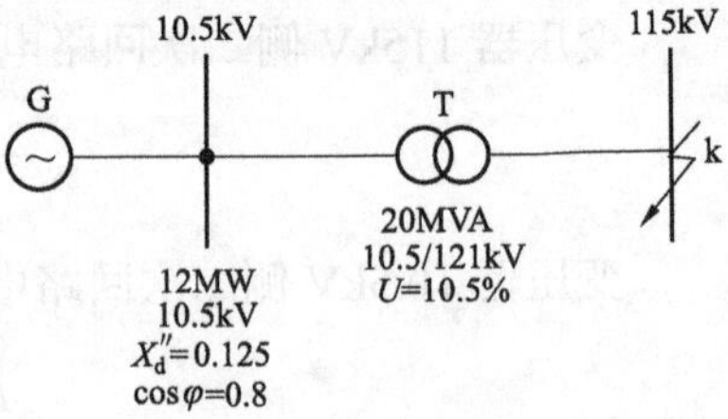

答：选基准功率 S_j=100MVA，基准电压 U_j=115kV，基准电流 $I_j=100/(\sqrt{3}\times115)=0.5$（kA）

则 $X_G=0.125\times100/(12/0.8)=0.83$

$X_T=0.105\times100/20=0.53$

$I_k=1/(0.83+0.53)=0.735$

故此暂态电流为 0.5×0.735=0.368（kA）

61. 某设备装有电流保护，电流互感器的变比是 200/5，电流保护整定值是 4A，如果一次电流整定值不变，将电流互感器变比改为 300/5，整定值为多少？

答：原整定值的一次电流为 4×200/5=160（A）

当电流互感器的变比改为 300/5 后，其整定值应为

$$I_{set}=160\div300/5=2.67\text{（A）}$$

62. 试作出某中性点接地系统发生单相接地短路时的复合序网图。

答：

复合序网图如下：

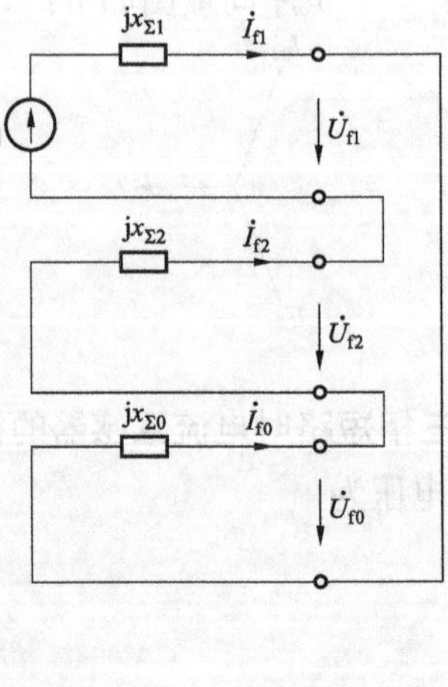

63. 试作出某电力系统发生两相短路时的复合序网图。

答：

复合序网图如下：

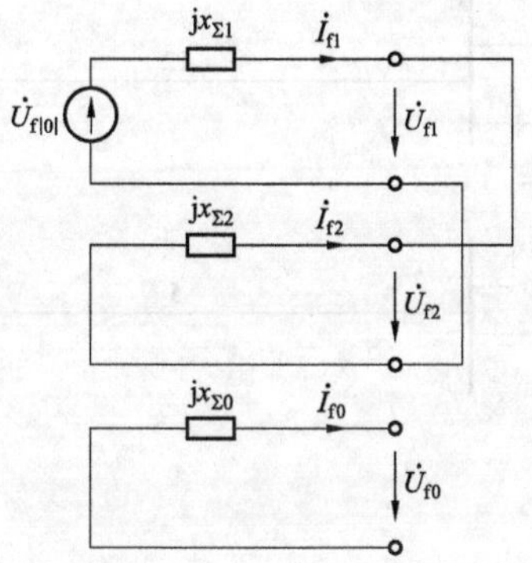

64. 试作出某中性点接地系统发生两相接地短路时的复合序网图。

答：

复合序网图如下：

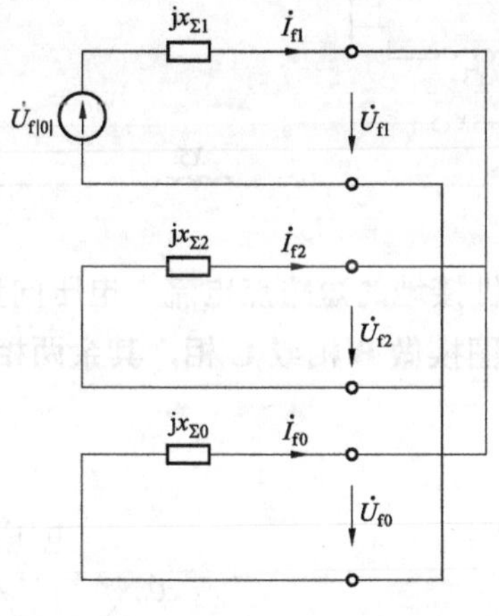

65. 试作出 A 相单相金属性接地的短路点电流向量图。

答：

向量图如下：

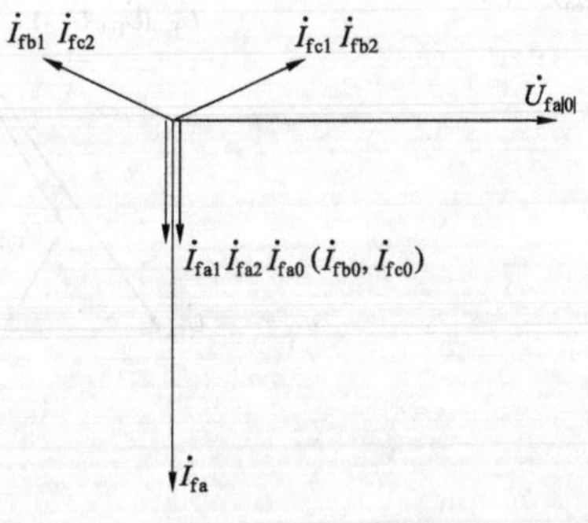

66. 作出如图电网发生不对称接地短路时零序网图。

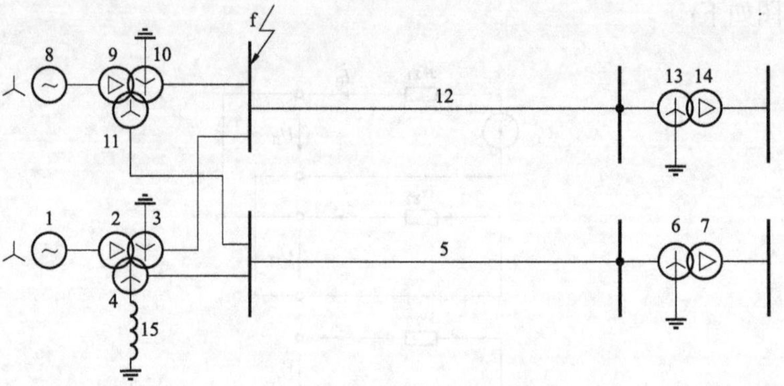

答：零序网图如下：

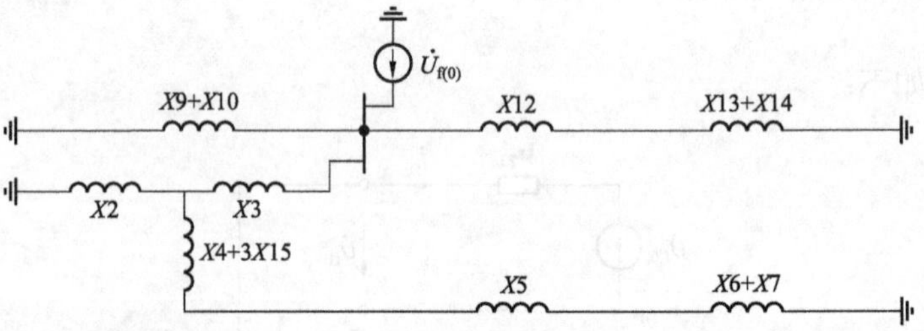

67. 试作出 A 相单相金属性接地的短路点电流、电压向量图。（说明：如故障相换做 B 相或 C 相，则原来的 A 相向量图换做 B 相或 C 相，其余两相按相序旋转）

答：

电流向量图如下：

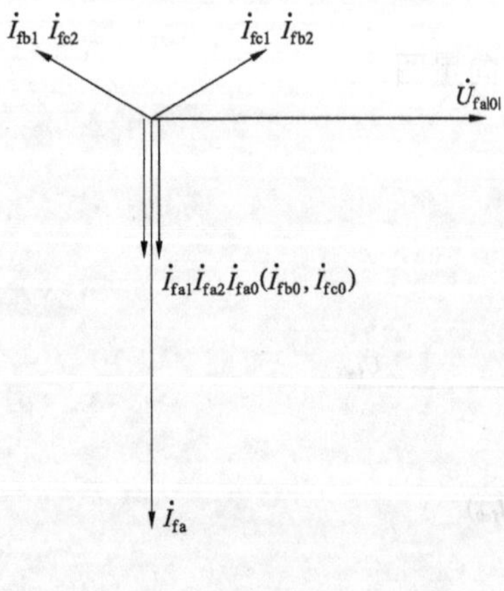

电压向量图如下：

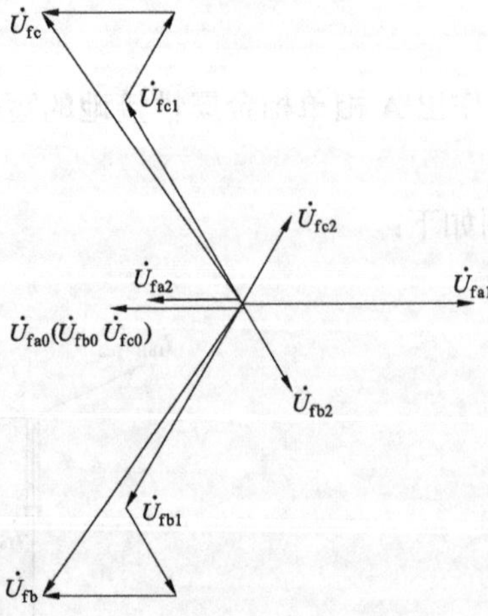

68. 试作出 B、C 两相金属性短路的电流、电压向量图。

答：

电流向量图如下：

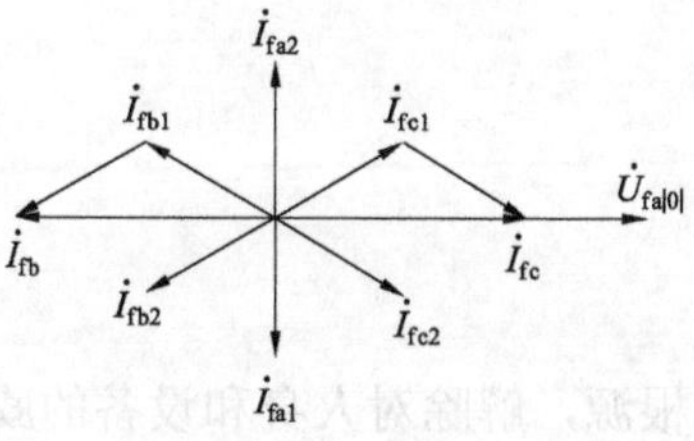

电压向量图如下：

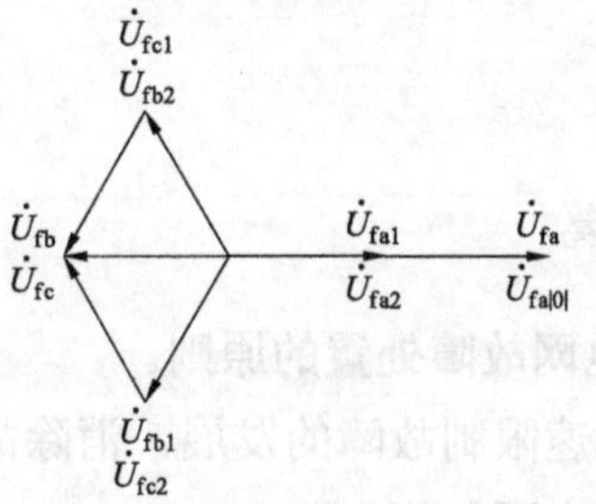

69. 某条线路的零序电流保护Ⅲ段，其定值为 4.6A，3.0s；其电流互感器 B 相极性接反，试问当负荷电流为 90A 时该保护会不会动作？并作向量图。已知电流互感器变比为 150/5。

向量图如下：

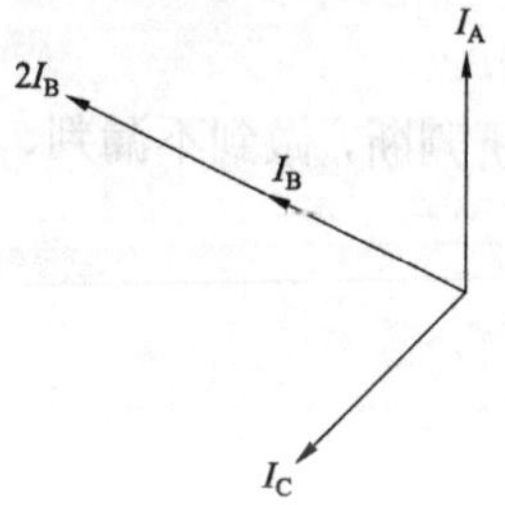

答：

负荷电流二次值为 90/30=3，零序电流为 2 倍负荷电流，二次 6A，保护动作。

70. 变电站 20kV 接地变压器零序过电流保护如何动作？

答：变电站 20kV 接地变压器零序过电流保护动作，先跳开主变压器 20kV 侧开关，同时闭锁相邻母线备自投，然后联跳接地变压器开关。

71. 变电站 20kV 接地变压器零序过电流保护动作原因有哪些？

答：接地变压器零序过电流保护动作主要有三种原因：

（1）接地变压器本身发生接地故障。

（2）接地变压器所在母线发生接地故障。

（3）接地变压器所在母线的出线单相接地但零序保护不动作或断路器拒动造成越级跳闸。

72. 20kV 配电网线路单相接地与 10kV 相比有何区别？为什么要加装零序电流保护？

答：20kV 配电网一般是中性点接地系统（经接地变压器接地），单相接地时有短路电流流过，所以单相接地时应动作跳闸。

由于 20kV 配电网经接地变压器接地，零序阻抗远大于正序阻抗，单相接地时的故障电流往往很小，所以需另外加装零序电流保护。

20kV 线路一般配置反映相间故障的电流保护和反映接地故障的零序保护，零序电流宜取自套在电缆上的穿芯式 TA。当不具备条件时，可取自出线 TA 的自产零序电流。

第七章　故障处置

（一）基础篇

1. 简述配电网故障处置的原则。

答：（1）迅速限制故障的发展，消除故障根源，解除对人身和设备的威胁，防止稳定破坏、电网瓦解和大面积停电。

（2）用一切可能的方法保持设备继续运行和不中断或少中断重要用户的正常供电，首先应保证发电厂厂用电及变电站所用电。

（3）尽快对已停电的用户恢复供电，对重要用户应优先恢复供电。

（4）及时调整电网运行方式，尽快使其恢复正常运行。

2. 配电网调控员判断配电网故障的依据信息有哪些？

答：当配电网发生故障时，调控值班员应综合各种渠道信息加以分析判断，做到不漏判、不误判。这些信息主要包括：

（1）调度自动化、配电自动化等技术支持系统各种遥测、遥信信号。

（2）设备巡查人员现场情况汇报。

（3）配电网抢修指挥信息反馈。

（4）用户用电信息反馈。

3. 发生故障时，要求故障及有关单位运维人员应迅速汇报调控员的信息有哪些？

答：电网发生故障时，故障及有关单位运维人员应立即清楚、准确地向调控员报告故障发生的时间、现象、设备的名称和编号，断路器动作情况。继电保护及安全自动装置动作情况。频率、电压、负荷及潮流变化情况。现场天气情况。人员和设备的损伤等故障有关情况。对于无人值班变电站或线路设备的故障信息，则由调控员自行收集掌握。

4. 为了防止故障扩大，可由现场自行处理后再向调控员汇报的操作有哪些？

答：（1）将直接对人身有威胁的设备停电。

（2）在确知无来电可能的情况下将已损坏的设备隔离。

（3）运行中设备受损伤已对电网安全构成威胁时，根据现场运行规程中的相关规定将其停用或隔离。

（4）发电厂厂用电全部或部分停电时，恢复其电源。

（5）整个发电厂或部分机组因故与电网解列，在具备同期并列条件时与电网同期并列。

（6）其他在现场运行规程中规定，可不待调控员指令自行处置者。

5.《超电网供电能力限电序位表》和《故障限电序位表》有什么区别？

答：《超电网供电能力限电序位表》主要在电网供电能力不足（备用出力不足）情况下执行，而《故障限电序位表》是在电网故障等情况下执行。列入两表中的设备均应为10kV及以上电压等级的线路或变压器，其中超电网供电能力限电需按经政府主管部门批准发文执行。

6. 值班调控员接到上级调度超供电能力限电指令时应如何处置？

答：值班调控员接到上级调度超供电能力限电指令时，先责令客户服务中心在规定时间内利用负荷控制系统进行限电，届时如效果不明显，值班调控员应根据超供电能力限电序位表进行拉闸限电，如超供电能力限电序位表所列线路不够使用时，保留动用事故限电序位进行限电的手段。

7. 值班调控员接到上级调度电网故障拉电指令时应如何处置？

答：当值班调控员接到上级调度电网故障拉电指令时，则应根据不同情况作以下处理：

（1）因电网电源性缺电或发电机组停机引起系统出力紧张，造成电网低频运行时，值班调控员应先按事故限电序位表进行直接拉闸限电；执行完后仍不满足要求，可动用超供电能力限电序位表再进行紧急拉闸限电。

（2）因上级电网联路线跳闸或发电机组停机，引起县级电网局部地区10（20）、35kV电压低于最低允许电压时，值班调控员应针对低电压运行的区域，按事故限电序位表直接进行拉闸限电，使其设备不过载或电压恢复到正常值；执行完后仍不满足要求，可动用超供电能力限电序位表再进行紧急拉限电。

8. 当发生故障或设备危急缺陷需立即停电检修时如何处理？

答：当发生故障或设备危急缺陷需立即停电时应按以下流程执行：

（1）当配电网设备发生故障或危急缺陷需立即停役检修时可以不用书面申请，但运维人员应向调控员电话申请，说明停役的设备及范围、要求、时间及工作负责人等，做好相关安全措施，并办理工作许可手续。以上内容调控员应做好记录，双方对工作范围和安全措施有疑问时，应沟通协调一致，但原则上以现场需求为准。

（2）若涉及用户停电，则调控员应在故障发生后或消缺停电之前第一时间告知配电网抢修指挥人员，在恢复送电后也要及时告知，以减少咨询投诉工单。

（3）故障处理可以不用调度指令票，但在复役前应拟定调度指令票，尤其是较为重要复杂或时间跨度较长（超过24h）的故障处理。

9. 配电网故障停电，调控员报送停电信息有何要求？

答：配电网故障停电，调控员应按以下要求报送停电信息：

（1）配电网故障已经造成用户停电的，调控员应及时告知配电网抢修指挥人员停电的线路及停电范围，并在查明情况后告知其预计的恢复送电时间。

（2）配电网故障将要停电处理的，调控员应提前掌握信息并告知配电网抢修指挥人员停电的线路及停电范围和停送电时间。

（3）对于签订调度协议的并网电厂或用户单位，原则上应告知其停电信息。

（4）对于重要、高危用户的停电，必要时还应通知相关领导。

10. 配电网线路一般出现哪些情况需要立即停电？

答：（1）线路发生倒杆倾斜、断线、安全距离不够等严重威胁人身安全的缺陷。

（2）配合抢险救灾或突发事件处理需要紧急停电的。

（3）线路有紧急缺陷随时可能发展成故障跳闸的。

（4）高危重要用户设备需要紧急停电的。

11. 变电站变压器跳闸应如何处理？

答：（1）变压器故障跳闸时，运维人员应立即将继电保护及自动装置动作情况汇报值班调控员，有备用变压器或其他备用容量时应立即考虑改变供电方式，恢复对外供电。

（2）变压器的主保护（如重瓦斯、差动）动作跳闸或压力释放保护动作，未查明原因和消除故障之前，不得强送。

（3）变压器的后备保护（如过电流）动作跳闸，运维人员应检查主变压器及母线所有一次设备有无明显故障，检查所带母线的出线开关保护有无动作，如有动作但未跳闸时，先拉此开关后再试送变压器；如检查设备均无异常，继电保护也未动作，可试送变压器，但应按照先主变压器、后母线、再出线逐级送电的顺序进行。

（4）两台并列运行的变压器，一台主变压器后备保护动作跳闸，全部负荷在另一台运行变压器限额内，先不试送，等查明原因，有关试验正确后再试送。

12. 当出现哪些现象时，不论保护动作与否，变压器应立即停运。

答：（1）变压器内部声响很大，很不均匀，有爆裂声。

（2）在正常冷却条件和负荷下，变压器温度不正常且不断上升。

（3）油枕喷油或防爆管破裂、喷油、冒烟。

（4）严重漏油致使从油位计指示中看不到油面。

（5）油色变化过甚，油内出现碳质。

（6）套管有严重破损或放电现象。

（7）气体继电器气体可燃。

13. 哪些故障情况可引起变压器瓦斯保护动作？

答：（1）变压器内部的多相短路。

（2）匝间短路，绕组与铁芯或与外壳间的短路。

（3）油面下降或漏油。

（4）分接开关接触不良或导线焊接不良。

14. 变压器差动保护动作跳闸的原因一般有哪些？

答：（1）差动保护区间内变压器及其他设备短路故障。

（2）由于电流互感器误差或分接头调整而引起的不平衡电流过大。

（3）区间外短路故障穿越电流或励磁涌流过大造成误动。

（4）差动电流互感器及其二次回路故障或接线错误。

15. 轻瓦斯保护动作应如何处理？

答：变压器瓦斯保护反映变压器油箱内各种故障和异常，当变压器轻瓦斯动作时，应立即告知现场运维人员检查，若要求进一步停电检查或处理的，则切换电源及转移负荷，将变压器停电隔离。

16. 变电站主变压器过负荷时应如何消除过负荷？

答：变电站主变压器过负荷应采取以下措施：

（1）投入备用变压器。

（2）投入母线并联电容器消减无功电流。

（3）调整有关发电厂出力。

（4）转移负荷。

（5）有序用电。

（6）紧急时按照超电网供电能力序位表进行限电。

17. 什么是母线失电，判断母线失电的依据有哪些？

答：母线失电是指母线本身无故障而失去电源，一般是由于电网故障、继电保护误动或该母线上出线、变压器等运行设备故障，本身断路器拒跳，而使连接在该母线上的所有电源越级跳闸所致，判别母线失电的依据是同时出现下列现象：

（1）该母线的电压表指示消失；

（2）该母线的各出线及变压器负荷消失（电流表等指示为零）；

（3）该母线所供的所用（厂用）电失去。

18. 发电厂、变电站发生母线失电时应该如何处置？

答：（1）发电厂、变电站母线失电后，现场应根据出线、主变压器保护的动作情况，检查是否系开关或保护拒动。若查明是开关或保护拒动，应立即拉开该开关，再按调度指令试送母线。

（2）发电厂母线失电时，无论当时情况如何，发电厂值班员应立即拉开失电母线上全部电源开关，同时设法恢复受影响的厂用电。有条件时利用本厂机组对空母线零起升压，成功后将发电厂（或机组）恢复与电网并列。如对停电母线进行试送，应尽可能利用外来电源。

（3）单电源运行变电站或有备用电源的变电站，当母线失电后，应检查一、二次设备情况是否正常，如无异常情况应报告调度，等待来电。

（4）母线故障或失电后，连接在该母线上未跳闸的电容器开关应拉开。

19. 母线电压互感器运行异常随时可能发展成故障时应如何处理？

答：（1）不得用近控方法操作异常运行的电压互感器的高压闸刀。

（2）不得将异常运行电压互感器的次级回路与正常运行电压互感器次级回路并列器。

（3）异常运行的电压互感器高压闸刀可以远控操作时，可用高压闸刀进行隔离。

（4）无法采用高压闸刀进行隔离时，可用断路器切断该电压互感器所在母线的电源，然后隔离故障电压互感器。

20. 变电站断路器无法分闸时应如何处理？

答：（1）变电站断路器远方遥控操作无法分闸时，可到现场监控主机操作。

（2）若仍拉不开，可断路器柜就地电动操作。

（3）必要时可按相关规定手动分闸。

（4）上述方法均无法分闸时，则须在停电情况下将该断路器两侧隔离开关拉开。

21. 线路断路器正常运行发生分合闸闭锁时，应采取什么措施？

答：（1）闭锁合闸的断路器尚未闭锁分闸时，可视情况下令拉开此断路器，否则将该断路器的重合闸停用。

（2）闭锁分闸的断路器，断开其控制电源，采取旁路断路器代供方式隔离或采用母联断路器串供。

（3）采取旁路断路器代供方式隔离，在旁路断路器代闭锁断路器时，环路中断路器应改为非自动状态。

22. 引起配电网线路故障的常见原因有哪些？

答：（1）设备运行老化或本身质量、施工工艺不良。

（2）人为因素的外力破坏。

（3）雷雨、台风等恶劣天气。

（4）鸟类筑巢。

（5）高温高负荷。

（6）灰尘和雨雾引起的闪络。

23. 配电网线路上的故障指示器一般装在哪里？能提供什么故障信息？

答：故障指示器一般装在无保护跳闸功能的开断设备的线路侧，一旦其显示有故障，开断相应设备即可隔离故障。配电网线路上故障指示器能在线路短路跳闸时提供动作与否、短路相、短路电流、研判的故障点等信息，由于其判据来自短路电流，所以一般不会误动，故障区段研判的准确性高。

24. 配电网线路故障处置有哪些基本要求？

答：（1）装有重合闸并投入重合闸的终端线路，当断路器跳闸重合失灵（拒动、未重合），值班调控员可不经设备检查立即强送一次。

（2）未装重合闸或重合闸停用的线路跳闸后，由值班调控员决定是否强送。

（3）装有重合闸的线路在重合不成功时，由值班调控员决定是否强送。一般情况下，可经发电厂、变电站户外设备检查正常后，再试送一次。特殊情况，如雷击、明显近距离故障，对系统影响较大者或断路器有异常等，暂不试送。

（4）对于双回送电的线路，若其中一条线跳闸重合闸失败，另一条线路仍在保持供电，则跳闸线路暂不送电。值班调控员应立即通知运维单位组织巡线，发现故障点后，调整到所需的检修方式。

（5）如跳闸属多级或越级跳闸者，视情况可分段对线路进行试送。

（6）与系统并列运行的发电厂出线跳闸时，确认电厂侧断路器已断开的情况下，方可进行试送。

（7）线路作业完毕或拉电解除及备用线路恢复送电时跳闸，禁止强送。

（8）全电缆线路断路器跳闸及电容器、电抗器、站用变压器断路器跳闸，不得强送。

（9）强、试送电的断路器设备要完好，并尽可能具有全线快速动作的继电保护功能。

25. 配电网线路过负荷运行有何影响？应采取什么措施？

答：配电网线路过负荷运行，有下述不利影响：

（1）超过过电流保护允许电流，有可能保护误动。

（2）电流互感器一次最大负荷不得超过 1.2 倍额定电流，否则会使电流互感器铁芯和绕组过热，绝缘老化，甚至烧坏电流互感器。

（3）造成线路烧断、接头发热、弧垂过大。

可采取以下措施限制线路过负荷：

（1）改变系统运行方式，减少超载线路潮流。

（2）调整有关电厂出力。

（3）在线路受端进行限电或拉电。

26. 有带电作业的线路故障时，对于强送有何规定？

答：（1）现场工作负责人未向调度提出过跳闸后不得强送者，按照正常线路故障强送规定执行。

（2）带电作业要求停用线路重合闸或故障跳闸后不得强送者，应在得到值班调控员许可后，才能开始工作，带电作业结束后应向值班调控员汇报。

（3）现场工作负责人向调度提出要求停用重合闸或线路跳闸后不经联系不得强送者，值班调控员只有在得到现场工作负责人同意后才能强送。现场工作负责人一旦发现线路无电时，不管何种原因，均应迅速与调度联系，说明是否强送电。

27. 配电网线路发生故障后，调控员通知巡线时有哪些规定？

答：（1）值班调控员应将故障跳闸时间、继电保护动作情况告诉巡线单位，并尽可能根据故障录波器的测量数据提供故障范围，以供巡线单位参考。负责巡线抢修的单位，应将用户反映的事故现象及巡线处理情况及时报告值班调控员。

（2）值班调控员发布巡线指令时应说明线路状态，如线路是否带电、是否已经做好停电检修的安全措施、是否可以不经联系立即开始工作。

28. 小电流接地系统发生单相接地时应如何处理？

答：（1）当中性点不接地系统发生单相接地时，值班调控员应根据接地情况（接地母线、接地相、接地信号、电压水平等异常情况）及时处理。

（2）应尽快找到故障点，并设法排除、隔离。

（3）永久性单相接地允许继续运行，但一般不超过 2h。

29. 小电流接地系统发生单相接地时，寻找单相接地的顺序如何？

答：（1）对于配有完好接地选线装置的变电站，可根据其装置反映情况来确定接地点。

（2）将电网分割为电气上互不相连的几部分。

（3）停空载线路和电容器组。

（4）试跳（或试拉）线路长、分支多、负荷轻、历史事故多且不重要的线路。

（5）试跳（或试拉）分支少、负荷重的线路，最后停重要用户线路，但要首先通知该用户。在紧急情况下，重要用户来不及通知，可先试跳（或试拉）线路，事后通知客户服务中心。

（6）对于双母线的变电站，重要用户的线路不能停电时，可采用倒母线的方法来寻找。

（7）详细检查接地母线及有关设备。

30. 小电流接地系统在寻找单相接地故障时，有哪些注意事项？

答：（1）严禁在接地的电网中操作消弧线圈；

（2）禁止用隔离开关断开接地故障；

（3）保护方式或定值是否变更；

（4）设备是否可能过负荷或因过负荷跳闸；

（5）防止电压过低影响用户；

（6）消弧线圈网络补偿度是否合适；

（7）查出故障点，应迅速处理。

31. 什么故障会导致跌落式熔断器非全相运行？有何危害？如何处理？

答：当支线发生非三相短路时，如 10kV 中性点不接地系统的两相短路、20kV 中性点接地系统的单相接地、两相短路以及两相接地短路，均可能造成跌落非全相运行。

跌落的非全相运行不仅不利于故障的隔离消除，且两相运行一相断开时会导致用户缺相损害设备。

支线发生短路故障时，应查看核实跌落运行状态，若存在非全相运行，则应拉开跌落全部三相。

32. 配电网故障处理中调电时应注意什么？

答：（1）对于线路合环调电，注意满足合环条件，确保合环后潮流的变化不超过继电保护、设备容量等方面的限额，并考虑对侧带供线路保护的灵敏性。

（2）避免带供线路过长、负荷过重造成线路末端电压下降较大的情况。

（3）调电设备与故障区域隔离，防止调电造成故障范围扩大。

（4）避免形成电磁环网或多个变电站合环运行。

33. 中性点加装消弧线圈对接地选线有何影响？消弧线圈动作、残流过大分别表示什么？

答：由于消弧线圈对接地线路电容电流具有补偿消减作用，所以接地线路及非接地线路的零序电流相近，会影响部分选线装置的正确选线。

消弧线圈动作表示消弧线圈自动根据系统对地电容电流调整挡位，残流过大表示消弧线圈满挡时仍无法补偿电容电流，容量不足。

34. 变压器差动保护不平衡电流过大的可能原因有哪些？

答：（1）变压器各侧流变型号不同引起。

（2）改变变压器分接头引起。

（3）短路电流的非周期分量引起。

（4）励磁涌流引起。

（5）区外短路穿越电流引起。

35. 引起变电站出线断路器跳闸的设备故障原因有哪些？

答：（1）主干线路上设备有短路故障。

（2）配电变压器变及其高压设备或分支线上有短路故障，且该配电变压器及分支线未装设跌落熔断器或具备保护功能的断路器。

（3）配电变压器及其高压设备或分支线上有短路故障，该配电变压器及分支线虽装有跌落式熔断器或具备保护功能的支线断路器，但其拒动或慢动（如跌落拉弧等）造成越级跳闸。

（4）分支断路器或分支跌落式熔断器故障。

36. 变电站配电网出线故障如何处理？

答：（1）无论重合成功与否，均应告知故障带电巡线，重合成功但负荷电流明显减小的，需告知巡线人员该情况。

（2）若重合不成功或未重合，则条件允许时可强送一次。

（3）查到故障点，在消除故障或隔离故障点后，确认其余线路和变电设备无明显故障点后，可进行试送。

（4）全线巡查找不到明显故障点时，可进行全线试送或逐段试送，逐段试送时应合理分段，减少可能需要的试送次数，试送的线路断路器应本身良好并可保证操作安全，必要时可全由总线断路器进行逐段试送。

（5）经逐段试送确定故障区段后加以隔离检查，对电缆可通过测试绝缘电阻值来检查是否良好，故障区段外线路恢复送电。

（6）对并有小电厂的线路，试送需确认电厂侧断路器断开；对并有小电厂或供电厂保安电的线路，线路改检修处理时电厂侧也应改线路检修，送电后及时告知电厂。

37. 变电站母线故障后，值班调控员接到现场运维人员检查结果后，应如何处理？

答：当母线发生故障后，运维人员应对母线进行外部检查，并将检查情况报告值班调控员，值班调控员按下列原则进行处理：

（1）找到故障点并能迅速隔离的，在隔离故障后对停电母线恢复送电。

（2）找到故障点不能很快隔离的，若是双母线中的一组母线故障，则应迅速对故障母线上的各元件检查；确无故障后，冷倒至运行母线并恢复送电，对联络线要防止非同期合闸。

（3）对外部检查找不到的故障点，经相关试验正常后可对故障母线进行试送电，但试送的断路器（尽可能用外来电源试送）应有速断保护或将有关保护时间整定值减小后进行试送；对发电厂母线故障，如有条件可对母线进行零起升压，试送母线应为空母线。

（二）提高篇

38. 配电网低电压对电动机有何影响？应如何处置？

答：由于电动机的输入功率主要由负载决定，而负载一般是基本一定的，当电压过低时，根据 $P=\sqrt{3}UI\cos\varphi$，电动机电流将增大，有可能烧坏电动机。

当用户反映低电压时，若因配电网母线电压偏低引起的，调控人员应设法通过并联电容器、上调主变压器分接头或要求上级调度提高电压等方法提高母线电压，必要时还需进行方式调整以确保母线电压正常。

39. 故障情况下，外来电源线路通过变电站母线转供其他出线时，继电保护装置的调整工作主要有哪些？

答：（1）被转供的线路重合闸停用。

（2）电源侧保护定值调整。

（3）联络线开关进线保护及重合闸停用。

40. 断路器控制回路断线应如何处理？断路器红灯不亮或绿灯不亮对运行有什么影响？

答：断路器控制回路断线应尽快调整方式将该断路器停电隔离并检查。在排除灯本身不良原因外，断路器运行时红灯不亮表明跳闸回路不通，绿灯不亮表明合闸回路不通。对运行有下述影响：

（1）不能正确反映断路器的跳、合闸位置或跳合闸回路完整性，故障时造成误判断。

（2）如果是跳闸回路故障，当发生事故时，断路器不能及时跳闸，造成事故扩大。

（3）如果是合闸回路故障，会使断路器事故跳闸后备自投失效或不能自动重合。

（4）跳、合闸回路故障均影响正常操作。

41. 配电网母线电压互感器熔丝熔断或单相接地时，潮流数据有什么变化？

答：配电网母线电压互感器熔丝熔断或单相接地时有以下变化：

（1）在这两种情况下，电流数据均不会发生明显变化。

（2）电压互感器熔丝熔断时，由于常规变电站有功无功计量的电压均采自母线电压互感器，有功、无功将有一个骤降，且该母线主供变压器低压侧有功、无功明显小于高压侧。但部分智能变电站各设备有独立的电压变换采集单元，则不会出现有功、无功骤降现象。单相接地时，线电压不变，由于有功无功计量的电压为线电压，所以有功、无功无明显变化。

42. 配电网中性点不接地系统中，若母线电压互感器高压熔丝一相熔断，有什么现象？

答：一般有下述现象：

（1）TA 断线告警。

（2）“××母线接地”光字牌亮。

（3）母线电压一相电压降低，其他两相电压相等。

（4）与该母线有关的电压、有功、无功功率读数下降。

43. 什么叫电压沉降，会产生何种后果？

答：在变电站出线发生出口处近区故障短路或者大容量电机启动时，配电网母线电压容易被瞬时拉低，一般叫作电压沉降。所以大容量电机一般降压启动，且不宜接在变电站出口处。电压沉降时间很短，但可能会引起同一母线非故障线路上的用户因失压保护动作造成停电。

44. 10kV 线路发生断线时低压用户有何现象？

答：10kV 线路断线后，根据故障类型不同，低压用户将出现以下现象：

（1）两相或三相断线时，断线点后段普遍停电。

（2）一相断线时，对于单相用户（如照明等），则断线相用户停电，非断线相用户电压偏低。对于三相动力用户，则反映缺相，电动机跳停、运行异常甚至烧毁。

45. 配电网母线电压互感器熔丝熔断时并联电容器欠压保护是否动作跳闸？需要注意什么？

答：当变电站母线电压互感器熔丝熔断一相或两相时，电压互感器断线闭锁保护动作，电容器欠压保护不会动作跳闸。

当三相熔丝均熔断时，多数电压互感器断线闭锁不具备三相熔断断线闭锁功能，会导致电容器欠压保护动作跳闸。而有的电压互感器具有三相熔断断线闭锁功能，则电容器欠压保护不会动作跳闸，这时若把电压互感器停役，电容器将会欠压保护动作跳闸。

46. 变电站变压器过负荷时应注意什么？双主变分列运行互备时又有何要求？

答：变电站主变压器可以在正常和故障情况下短时过负荷运行（对过负荷有特别限制的变压器除外），但不应长期过负荷运行，具体根据该变压器运行规程执行。过负荷时，所有冷却系统投入，密切监视变压器温度和负荷情况，及时调整转移负荷。

双主变分列运行互备时，备自投投入，*N*–1 后主变压器负载率应控制在合理范围内。考虑备自投动作时甩掉部分负荷以及主变压器具有一定的过载能力，负载率可大于 1，但不宜超过 1.5，对超限有特别限制的主变压器则应严格控制负载率，防止备自投动作时主变压器损坏。

47. 二次电压回路断线时，相应保护装置应如何处理？

答：二次电压回路断线时，应将取自该电压回路、可能拒动或误动的保护装置退出，如距离保护、低电压保护、振荡解列装置、检无压重合闸等。

48. 变电站母分备自投的动作逻辑是什么？哪些情况下不会动作？

答：变电站母分备自投的动作逻辑是：失电侧检无压检无流，备用电源侧检有压，先跳开失电侧电源开关，再合上母分开关。

以下情况母分备自投不会动作：

（1）备自投装置信号或停用状态。

（2）不满足两侧电源开关运行、母分开关热备用的运行方式。

（3）拉停电源侧开关。

（4）母分开关非热备用状态。

（5）主变压器后备保护跳闸闭锁母分备自投。

（6）电源侧母线有外部小电源供电。

49. 220kV 电网开环运行后对配电网故障处理调电有何影响？

答：220kV 电网开环运行后，若不同 220kV 电网开环片区下 10kV 线路进行合环调电，则有可能 500kV 系统经过变压器和 10kV 线路形成电磁环网，可能形成很大的环流，引起热稳定和动稳定破坏，造成设备跳闸或损坏。

因此，在故障处理调电过程中，原则上不同 220kV 片区的 10kV 线路不能进行合环，若必须合环，则须进行充分潮流计算，两侧电压差调整至足够小，停用一侧线路重合闸再进行合环调电。

50. 因上级电网原因导致变电站全停时，应如何处理？

答：判断变电站全停后（各设备电压电流等为零、电容器欠压跳闸），联系上级电网调度确定是上级电网原因导致本站失电后，应按以下要求进行处理：

（1）单电源变电站，可不作任何操作，等待来电。

（2）多电源分段母线，应拉开母分开关，每条母线上保留一路电源断路器等待来电，并列变压器高低压侧应分列运行，以免电磁环网或非同期合环。

（3）对由于备自投应动作而未动作造成的全站停电，在确定非本站设备故障原因后，可拉开停电电源进线开关再合上备用电源进线开关。

（4）变电站上级电源无法恢复送电时，有条件用配电联络线路倒出部分负荷时，应用联络线路恢复用户供电。

（5）母线并列小电厂时，应核实电厂已解列，待母线恢复后再告其并列。

（6）馈线及其他断路器一般不拉开，上级电网调度要求的除外。

51. 哪些紧急情况下可以不按正常停电操作顺序直接拉开主变压器 10kV 断路器对母线及线路停电？

答：以下紧急情况可不拉停线路等直接拉开主变压器 10kV 断路器：

（1）母线或母线刀闸严重发热，随时可能发展成故障。

（2）母线电压互感器异常随时可能发展成故障，并无法靠近操作高压刀闸。

（3）线路需要紧急停电但该线路断路器拉不开时。

（4）10kV 断路器室内有故障且状况不明，人员盲目进入可能造成危险，需停电进入检查。

（5）主变压器需要紧急停役。

（6）电网紧急故障限电。

52. 变电站母线运行电压越限应如何处理？

答：（1）投退并联电容器，无功不足或过剩时优先考虑。

（2）调节主变压器有载分接头。

（3）调整电网运行方式，如变压器并列、分列等。

（4）转移重负荷线路。

（5）母线有并网电厂时，调节电厂无功出力。

（6）要求上级调度调节系统电压。

（7）用户侧无功补偿装置调节。

（8）必要时限负荷。

53. 配电网中性点不接地系统单相接地与电压互感器高、低压熔丝熔断有何区别？

答：配电网中性点不接地系统单相接地与电压互感器高、低压熔丝熔断依据现象有以下区别：

（1）单相接地时，接地光字牌亮，消弧线圈装置动作并报警“接地”，选线装置动作则发出选线信号，接地相电压降低，其余两相电压升高；金属性接地时，接地相电压为零，其余两相为则为线电压，线电压不变。

（2）母线电压互感器高压熔丝熔断时，一相、二相或全部三相电压降低或接近零，其余相电压基本正常，线电压也可能降低。

（3）单相接地或母线电压互感器高压熔丝熔断时电压互感器二次开口绕组电压都增大，都可能发出接地信号，而电压互感器低压熔丝熔断则不会。

（4）还可通过测量电压互感器二次侧桩头电压来判断高、低压熔丝熔断，电压正常则为低压熔丝熔断或二次回路故障。

54. 配电网母线电压互感器高压熔断器熔断应如何处理？为什么高压熔断器熔断常伴随单相接地？

答：配电网母线电压互感器高压熔断器熔断后，应尽快按以下要求处理：

（1）应将电压取自该电压互感器并可能造成误动或拒动的继电保护及自动装置停用，如距离保护、备自投、电容器欠压保护等。

（2）若有多台母线电压互感器，则检查熔断器熔断电压互感器二次回路良好后，将其切换到正常电压互感器二次供电，电压互感器改检修调换高压熔断器。

（3）不停电切换二次回路，一次侧母线需先行并列，防止电压互感器反向充电。一次侧母分并列操作可能形成电磁环网的操作前需经上级调度同意。

（4）在只有一台母线电压互感器、一次侧无法并列或熔断器熔断处理能短时复役等情况下，则可不切换二次回路，电压互感器直接改检修处理。

（5）在电压互感器与母线避雷器共用高压刀闸时，如遇雷雨天气，电压互感器停役处理应尽可能把所在母线与其他母线一次并列运行。

中性点不直接接地配电网系统中，发生单相接地时，瞬时电弧过电压可能导致母线电压互感器产生谐振过电压及大电流烧断熔断器。单相接地消失（包括拉停）时，非接地相从线电压回归到相电压放电，由于饱和度较高，放电电流很大易烧断熔断器。

55. 单相接地逐条试拉后，接地仍不消失的原因主要有哪些？

答：（1）多条线路同相接地。

（2）母线设备接地。

（3）主变压器低压侧设备接地。

56. 小电流接地系统发出“单相接地”信号的可能原因有哪些？

答：一般有以下三种：

（1）发生单相接地。

（2）电压互感器高压侧熔断器熔断。

（3）铁磁谐振过电压。

57. 变电站母线并联电容器各种保护跳闸如何处理？

答：变电站母线并联电容器配置过压、过流、欠压、不平衡电压、不平衡电流等保护。

电容器保护动作跳闸应按以下要求处理：

（1）电容器跳闸后，明确为系统断电引起的欠压保护动作跳闸，则保持电容器断开，待母线送电后解除跳闸闭锁恢复自动投切。

（2）电容器因过压、过流不平衡保护动作跳闸的，未查明原因前不得试送。

（3）只有一台电容器且无功负荷较大时，应尽快安排处理复役以确保母线电压水平。

58. 变电站所用变压器（接地变压器）全停有何影响？应如何处理？

答：变电站所用电（指所用变压器或接地变压器）全停后，有以下一些影响：

（1）照明等部分非重要交流用电将停电。

（2）若蓄电池容量不足，有可能断开的断路器只够一次合闸，线路跳闸后可能无法重合。

（3）影响变电站监控系统及远动通信装置运行，甚至可能造成全站通信中断。

变电站失去所用电后，应尽快排除故障送出所用电，或经其他变电站联络线转供所用电，限制 UPS 及直流母线所带的部分非重要负荷，必要时可外接发电机供所用电。

59. 配电变压器低压短路故障能否引起支线或变电站出线跳闸？

答：（1）如配电变压器低压短路故障发生在配电变压器低压熔丝负荷侧，由于高压熔丝按 1.5～3 倍配电变压器额定电流选择，低压熔丝按 1.2 倍额定电流选择，且低压熔丝短路电流大熔断快，能充分保证选择性，正常情况应该会是低压熔丝熔断切除故障。

（2）如配电变压器低压短路故障发生在配电变压器低压熔丝配电变压器侧，则高压熔丝动作切断配电变压器供电，也可能引起分支线跌落式熔断器或开关动作。

（3）极端情况，若配电变压器低压熔丝、配电变压器高压熔丝、支线跌落式熔断器或开关因各种原因均未及时动作断开短路故障，配电变压器故障可能引起变电站出线跳闸。

60. 变电站直流系统发生一点接地时，现场运维人员应如何处理？

答：当变电站发生直流系统一点接地时，运维人员应尽快检查并设法排除接地点，防止出现二点接地。无人值班站则由变电运维站（班）迅速派人赴变电站查找，按现场运行规程及有关规定顺序进行查找。如需短时间切除直流电源时，应与相应调度机构的值班员联系，得到其许可后方能停用。

61. 变电站直流母线失压有何影响？应如何处理？

答：直流母线失压将使直流母线上的所有保护将失去功能，线路故障不能跳闸无法重合，无法分合闸操作，不能发出信号，而且一些远动通信装置将失去电源，属危急缺陷。

应尽快消除直流母线故障或切换直流母线恢复保护装置电源，无法恢复时，将该直流母线供电的保护装置对应设备停电，避免设备无保护运行。

62. 小电流接地系统单相接地零序电流有何特点？什么情况下会出现零序电流？

答：小电流接地系统单相接地时，接地线路零序电流大小等于同母线非故障线路零序电流之和，相位相反。在以下三种情况下会出现零序电流：

（1）有接地故障。

（2）非全相运行。

（3）三相负载阻抗不平衡。

63. 电网发生振荡时一般会有哪些现象？

答：电网发生振荡时的一般现象有：

（1）发电机、变压器及联络线的电流表、电压表、功率表周期性地剧烈摆动，发电机、调相机和变压器在表计摆动的同时发出有节奏的嗡鸣声。

（2）失去同期的发电厂与系统间的联络线的输送功率表、电流表将大幅度往复摆动。

（3）振荡中心电压周期性的降至接近零，其附近的电压摆动最大，随着离振荡中心距离的增加，电压波动逐渐减小，白炽灯照明随着电压波动有不同程度的明暗现象。

（4）送端部分系统的频率升高，受端部分系统的频率降低并略有摆动。

64. 电力系统短路和振荡的主要区别有哪些？

答：电力系统短路和振荡的主要区别有：

（1）短路时电流、电压值是突变的，而振荡时是逐渐变化的。

（2）短路时电流与电压之间的角度是基本不变的，振荡时系统任何一点电流与电压之间的相位角都随功角变化而变化。

（3）振荡时系统各点电压和电流值均做往复性摆动。

65. 电网发生工频谐振过电压时应如何处置？

答：由于操作或事故引起电网发生工频谐振过电压（三相电压同时升高有节奏摆动）按下述原则处理：

（1）手动或自动投入专用消谐装置；

（2）恢复原系统；

（3）投入或切除空载线路；

（4）改变运行方式；

（5）必要时可拉负荷性质次要的长线路。

66. 开关机构弹簧未储能，对开关分合闸有何影响？应如何处理？

答：开关机构弹簧未储能，若开关处于分位，则发出控制回路断线信号，将无法合闸；若开关处于合位，开关仍能分闸，但故障跳闸后将无法重合。

对于开关机构弹簧未储能，应检查储能交流电动机运转是否正常、操动机构或二次回路是否有松动等，若仍无法储能，则应安排将开关间隔停电检修。

67. 什么是断路器偷跳？断路器偷跳的原因有哪些？应如何处理？

答：系统无短路或直接接地现象，继电保护及自动装置未动作，而断路器自动跳闸的现象称作断路器偷跳。

引起断路器偷跳的主要原因有：人员误碰误操作、机械外力振动、二次回路绝缘不良直流两点接地等。

处理时，明确系统无短路故障存在，若是由人员误碰误操作、机械外力振动引起自动脱扣等引起的偷跳，排除断路器故障原因后，应立即送电。对其他电气或机械故障，无法立即恢复送电的，则应将偷跳断路器停电检修处理。

68. 在配电自动化系统中，若故障点已明确，调控员应如何处理？

答：在配电自动化系统中，若故障点已明确，调控员可不待线路巡线，立即通过遥控操作隔离故障点，并恢复非故障段试送供电，优先考虑可以遥控调电的电源，并遥控操作。

69. 线路保护动作断路器跳闸，调控值班员应迅速查看记录哪些内容？

答：线路保护动作断路器跳闸，调控值班员应迅速记录跳闸发生时间、保护动作情况、信号内容、断路器变位情况。同时查看线路潮流变化情况、断路器位置指示等。

70. 可能造成监控系统发出“断路器控制回路断线”信号的原因有哪些？

答：可能造成监控系统发出“断路器控制回路断线”的原因如下：

（1）二次回路接线松动。

（2）断路器辅助接点接触不良。

（3）合闸或分闸位置继电器故障。

（4）分合闸线圈损坏。

（5）控制保险熔断或空气开关跳闸。

71. 可能造成监控系统发出“线路保护装置告警”信号的原因有哪些？

答：可能造成监控系统发出“线路保护装置告警”信号的原因如下：

（1）变电站内通信出错。

（2）保护装置插件或部分功能异常。

（3）通道异常。

（4）装置数据卡死。

（5）电压或电流采集回路断线。

72. 配电网系统三相不对称运行有哪些危害？

答：（1）对变压器的影响主要是影响经济性，变电容量不能充分利用。

（2）对用户的影响主要是电压的不对称，影响电能质量从而影响电器寿命。

（3）对异步电动机的影响主要是影响电动机的输出功率。

73. 对于局部电网无功功率过剩，电压偏高，应采取以下哪些基本措施？

答：可以采取以下措施：

（1）发电机高功率因数运行，尽量少发无功功率。

（2）部分发电机进相运行，吸收系统无功功率。

（3）切除并联电容器，投入并联电抗器。

（4）控制低压电网无功电源上网。

74. 功率因数偏低有哪些不利影响？电压或功率因数不合格时，应该采取什么方法调整？

答：功率因数偏低，即线路传输的无功功率较大，会造成线路电压损失增大、有功损耗增大、发电设备不能充分发挥作用等。

功率因数合格而电压不合格时，优先调节分接头。电压合格而功率因数不合格时，优先投切电容器，根据电压变化情况再调分接头位置。

75. 变电站全停时，调控员应如何处理？

答：变电站全停时，调控员应采取以下措施尽快恢复供电：

（1）查明是上级系统原因还是本站设备故障引起的停电，若是本站设备故障，则加以隔离。

（2）短时能恢复供电的，则调整方式等待来电或处理后送电。

（3）较长时间内无法恢复供电的，则考虑负荷转移，优先转供所用电及重要线路，线路转供时要避免对侧主变压器及线路超限，同时要注意保护及自动装置的匹配。

76. 什么是电网黑启动？配网调度如何制定电网黑启动方案？

答：电网黑启动是指整个电力系统因故障全部停电后，利用自身的动力资源（柴油机、水力资源等）或外来电源带动无自启动能力的发电机组启动达到额定转速和建立正常电压，有步骤地恢复电网运行和用户供电，最终实现整个电力系统恢复的过程。

配网调度应根据本地区电网特点和上级调度黑启动方案，编制本地区电网在系统全部停电后的快速恢复方案。如本地区电网内部具有黑启动电源，则可编制内部黑启动电源开启后自行恢复 35kV 及以下电网，并在合适地点与主网同期并列的方案；如本地区电网内部没有合适的黑启动电源，则应在上级调度黑启动方案的基础上，编制本地区内 110kV 厂站带电后快速恢复本地区电网、配合上级调度尽快恢复主要厂站厂（所）用电的方案。

电网黑启动恢复方案的程序应与电网一次接线方式保持对应，并根据电网发展情况每年修订一次。重大变化后，应及时修订。

77. 变电站 20kV 接地变压器发生零序过流保护动作时，调控员应如何处理？

答：变电站 20kV 接地变压器零序过流保护动作，调控员应按以下要求处理：

（1）检查接地变压器和母线是否有接地故障存在，若有则加以消除。

（2）检查出线开关是否有零序保护动作而开关拒动，若有则加以隔离并送出母线及接地变压器。

（3）检查均找不到故障原因，则接地变压器试送改运行，并试送母线，最后逐条试送出线。

78. 接于主变压器 20kV 母线桥的接地变压器调度运行及故障处理有何要求？

答：因接于主变压器 20kV 母线桥的接地变压器系委托配电网调度，故在操作及检修、故障处理上应按以下要求执行：

（1）主变接地变在电气连接上属主变压器的一部分，因此接地变压器一、二次应与主变压器本体等同对待，接地变压器一、二次有影响运行的缺陷时，必须陪停主变压器进行处理。接地变压器停役申请（含二次）需由配电网调度向上级调度提出。

（2）在接地变压器故障引起主变压器高压侧断路器跳闸后，变电所值班人员应立即将故障情况、保护动作情况汇报相关调度，由上级调度负责进行故障处理，配电网调度应积极配合上级调度进行相关操作。

（3）当主变接地变发生缺陷，变电所值班员应立即按照接地变压器一、二次设备的检修关系划分（另行明确）汇报相关调度。

（4）主变接地变在其所接主变压器各侧为冷备用或主变压器 20kV 侧为检修状态时，接地变压器方可以改为检修状态。

第八章 配网抢修指挥

（一）基础篇

1. 什么是配网抢修指挥？

答：配网抢修指挥是指地市、县公司调控机构根据国网客服中心派发的故障报修工单内容或配调监控系统发现的故障信息，对配电网故障进行研判，并将工单派发至相应抢修班组。

2. 配网抢修指挥包含哪些业务？

答：接收故障报修工单，综合调控运行及其他信息开展故障研判，通知相应运维单位，下派工单、督促进度、反馈信息并对故障报修工单实行全过程跟踪、督办和闭环管理。

3. 配网抢修指挥业务应符合哪些基本要求？

答：（1）配网抢修指挥人员配置应满足 7×24 小时值班要求，保障及时处理工单，避免出现工单超时现象。配网抢修指挥席位设置应考虑应急需求，保证业务量激增时工作开展需求。

（2）地、县公司应在抢修班组部署远程终端或手持终端，实现配网抢修指挥班与抢修班之间的工单在线流转，并保证信息安全要求。

（3）现场抢修人员应服从配网抢修指挥人员的指挥，现场抢修驻点位置、抢修值班力量应设置合理。地、县公司运检部［检修（建设）工区］及时通报抢修驻点、抢修范围及联系人方式等变化情况。

（4）地、县公司应做好配网抢修指挥技术支持系统及网络通道的运行维护工作。

4. 配网抢修指挥中，派单指挥是指什么？

答：派单指挥是配网抢修指挥人员根据报修信息，利用已接入的技术支持系统，对配网故障进行研判，将工单合并或派发至相应的抢修班组。

5. 配网抢修指挥工作中，国家电力调度控制中心主要职责是什么？

答：国家电力调度控制中心是配网抢修指挥业务的归口管理部门，负责国家电网公司配网抢修指挥管理制度、标准、流程及技术支持功能应用规范的制定，负责国家电网公司配网抢修指挥工作的统计分析及监督、检查、考核、评价管理工作。

6. 配网抢修指挥工作中，省公司电力调度控制中心主要职责是什么？

答：（1）负责贯彻落实国家电网公司配网抢修指挥管理制度、标准和流程，根据实际业务开展情况制定实施细则，指导地市公司规范开展配网抢修指挥工作。

（2）负责对各地市公司配网抢修指挥工作的监督、检查和考核，组织开展业务统计分析。

（3）负责专业管理范围内生产类停送电信息报送工作的监督、检查。

（4）协调开展配网抢修指挥技术支持功能建设工作。

7. 配网抢修指挥工作中，省公司营销部主要职责是什么？

答：（1）负责监督和考核本省95598客户服务工作质量和95598业务支撑工作质量。

（2）负责协调本省有关部门95598营销和生产信息的支撑工作。

（3）负责专业管理范围内生产类停送电信息报送工作的监督、检查。

8. 配网抢修指挥工作中，省公司运维检修部主要职责是什么？

答：（1）负责指导、监督和考核地市公司配网故障抢修工作，协调解决故障抢修工作中的重大问题。

（2）负责专业管理范围内生产类停送电信息报送工作的监督、检查。

（3）协调开展配网抢修指挥技术支持功能建设工作。

9. 配网抢修指挥工作中，省公司客户服务中心主要职责是什么？

答：（1）故障报修业务未上收单位客服中心负责受理本省故障报修业务，并负责工单派发、跟踪、督办、抽查、回复和回访工作。

（2）负责及时向省公司有关部门报送紧急及有可能引发舆情事件的故障报修。

（3）负责为省调控中心配网抢修及生产类停送电信息的统计、分析工作提供支撑。

10. 配网抢修指挥工作中，地调主要职责是什么？

答：（1）负责贯彻落实国家电网公司配网抢修指挥管理制度、标准、流程及省公司发布的实施细则。

（2）负责对各县公司配网抢修指挥工作的指导、检查和考核，组织开展业务统计分析。

（3）负责接收抢修类及生产类紧急非抢修工单、研判分析、通过系统合并、派发工单。

（4）负责审核抢修班组回填的工单。

（5）负责专业管理范围内生产类停送电信息编译工作，汇总报送生产类停送电信息。

（6）负责配网抢修指挥业务统计分析及报送工作，定期发布抢修班组工作执行情况。

11. 配网抢修指挥工作中，地市、县公司营销部主要职责是什么？

答：（1）负责服务事件的协调处理。

（2）负责专业管理范围内生产类停送电信息编译、报送工作及通知高危、重要客户。

12. 配网抢修指挥工作中，地市公司运维检修部（检修分公司）、县公司运维检修部［检修（建设）工区、乡镇供电所］主要职责是什么？

答：（1）负责组织开展、实施配网设备故障抢修。

（2）负责接收相关调控中心派发的工单，并在系统中及时填写或汇报抢修类及生产类紧急非抢修工单到达现场时间、故障原因、停电范围、停电区域、预计恢复时间、实际恢复送电时间等故障信息并完成流转。

（3）负责督导故障抢修物资、人员、车辆的管理工作。

（4）负责专业管理范围内生产类停送电信息编译、报送工作。

13. 配网抢修指挥工作中，县调主要职责是什么？

答：（1）负责贯彻落实国家电网公司配家电网抢修指挥管理制度、标准、流程及省公司发布的实施细则；

（2）负责接收抢修类及生产类紧急非抢修工单、研判分析、通过系统合并、派发工单；

（3）负责审核抢修班组回填的工单，并将工单回复客服中心；

（4）负责专业管理范围内生产类停送电信息编译工作，汇总报送生产类停送电信息；

（5）负责配网抢修指挥业务统计分析及报送工作，定期发布抢修班组工作执行情况。

14. 故障报修业务分为哪两个等级？哪些情况需派发紧急故障报修？

答：故障报修业务分为紧急、一般两个等级。

满足以下条件需派发紧急故障报修：

（1）已经或可能引发人身伤亡的电力设施安全隐患或故障。

（2）已经或可能引发人员密集公共场所秩序混乱的电力设施安全隐患或故障。

（3）已经或可能引发严重环境污染的电力设施安全隐患或故障。

（4）已经或可能对高危及重要客户造成重大损失或影响安全、可靠供电的电力设施安全隐患或故障。

（5）重要活动电力保障期间发生影响安全、可靠供电的电力设施安全隐患或故障。

（6）已经或可能在经济上造成较大损失的电力设施安全隐患或故障。

（7）已经或可能引发服务舆情风险的电力设施安全隐患或故障。

15. 故障报修运行模式有哪几种，分别是什么？

答：故障报修按受理单位不同和故障报修工单流转流程的不同分为两种运行模式：

（1）国网客服中心受理客户故障报修业务后，直接派单至地、县公司调控中心，由调控中心开展接单、故障研判和抢修派单等工作。在抢修人员完成故障抢修后，具备条件的单位由抢修人员填单，调控中心审核后回复故障报修工单；不具备条件的单位，暂由调控中心填单并回复故障报修工单。国网客服中心根据故障报修工单的回复内容，回访客户。

（2）国网客服中心受理客户故障报修业务后，派单至各省客服中心，由各省客服中心再派单至地市、县公司调控机构，由地市、县公司调控机构开展接单、故障研判和抢修派单等工作。在抢修人员完成故障抢修后，具备条件的单位由抢修人员填单，地市、县公司调控机构审核后回复故障报修工单；不具备条件的单位，暂由地市、县公司调控机构填单并回复故障报修工单。国网客服中心根据故障报修工单的回复内容，回访客户。

16. 故障报修类型分为哪几类，具体是指什么？

答：故障报修类型分为高压故障、低压故障、电能质量故障、客户内部故障四类。

（1）高压故障是指电力系统中高压电气设备（电压等级在 1kV 及以上）的故障，主要包括高压计量设备、高压线路、高压变电设备故障等。

（2）低压故障是指电力系统中低压电气设备（电压等级在 1kV 以下）的故障，主要包括低压线路、进户装置、低压公共设备、低压计量设备故障等。

（3）电能质量故障是指由于供电电压、频率等方面问题导致用电设备故障或无法正常工作，主要包括供电电压、频率存在偏差或波动、谐波等。

（4）客户内部故障指产权分界点客户侧的电力设施故障。

17. 故障报修工单的定义是什么，生产类紧急非抢修工单包括哪些内容？

答：故障报修工单是指国网客服中心通过 95598 电话、网站等渠道受理的故障停电、电能质量或存在安全隐患须紧急处理的电力设施故障诉求业务工单。

生产类紧急非抢修工单内容包括供电企业供电设施消缺、协助停电及低压计量装置故障。

18. 配网抢修指挥技术支持系统的应用核心和需求是什么？

答：配网抢修指挥技术支持系统作为配网故障抢修指挥业务的信息化支撑平台，应以抢修指挥为应用核心，满足故障抢修指挥应用需求。

19. 配网抢修指挥工单处理流程主要有哪些环节？

答：配网抢修指挥工单处理流程主要包括工单接收、故障研判、派单指挥、回单审核、工单回复五大环节。

20. 接收故障报修工单主要有哪些要求？

答：地市、县公司调控机构应在国网客服中心下派故障报修工单后 3min 内完成接单或退单，接单后应对故障报修工单进行故障研判和抢修派单。

21. 回退故障报修工单主要有哪些要求？

答：（1）供电单位、供电区域或抢修职责范围派发错误的工单，允许退单。

（2）通过知识库可以确定工单类别，但工单类别选择错误的，允许退单，退单时应注明正确工单分类以及知识库中的参照内容。

（3）因工单内容派发区域、业务类型、客户联系方式等信息错误、缺失或无客户有效信息，导致接单部门无法根据工单内容进行处理的，允许退单。退单时应注明需要补充填写的内容。

（4）对系统中已标识欠费停电、违约停电、窃电停电或已发布计划停电、临时停电等信息但客服代表未经核实即派发的工单，接单部门在注明原因、信息编号（生产类停送电信息必须填写）后退单；故障停送电信息发布 10 分钟内派发的工单，可进行工单合并，但不可回退至工单派发单位。

（5）与报修客户联系后客户表示未报修的工单可退单，并注明详细原因。

（6）故障报修业务退单均应详细注明退单原因及整改要求，以便接单部门及时更正。

22. 合并故障报修工单有哪些要求？

答：（1）故障报修工单流转的各个环节均可以对故障报修工单进行合并，合并后形成主、副工单。

（2）同一故障点引起的客户报修可以进行工单合并。

（3）在各单位实现营配信息融合，建立准确的“站—线—变—户”拓扑关系的情况下，客服代表可对因同一故障点影响的不同客户故障报修工单进行合并。

（4）各单位在对故障报修工单进行合并操作时，要经过核实、查证，不得随意合并故障报修工单。

（5）合并后的故障报修工单处理完毕后，仅需回访主工单，客户提出回访诉求的工单除外。

23. 故障报修工单派发到错误的部门（单位）后，应如何处理？

答：运维单位抢修人员接到地市、县公司调控机构派单后，对于非本部门职责范围的工单应及时反馈地市、县公司调控机构，并注明正确处理部门，由地市、县公司调控机构重新派发处理；若为非本公司处理工单，地市、县公司调控机构在3分钟内将工单回退至上级派发单位并详细注明退单原因。

24. 故障报修工单对抢修人员在故障处理环节有哪些要求？

答：（1）抢修人员接到抢修任务后，应主动联系客户，了解故障情况，并告知客户预计到达的时间。

（2）抢修人员到达现场后，检查故障情况，属于供电企业产权的立即进行修复并记录故障类型和故障原因，属于客户产权的告知用户自行处理。

25. 抢修人员到达故障现场及录入系统时限应符合哪些要求？

答：抢修人员到达故障现场时限应符合：一般情况下，城区范围不超过45分钟，农村地区不超过90分钟，特殊边远地区不超过120分钟。具备条件的单位采用最终模式，抢修人员到达故障现场后5分钟内将到达现场时间录入系统；不具备条件的单位采用过渡模式，抢修人员到达故障现场后5分钟内向本单位调控机构反馈，暂由调控中心在5分钟内将到达现场时间录入系统。

26. 什么是95598停送电信息？

答：95598停送电信息是指因各类原因致使客户正常用电中断，需及时向国网客服中心报送的信息。

27. 95598 停送电信息主要包括哪几类？具体是指什么？

答：95598 停送电信息主要分为生产类停送电信息和营销类停送电信息。生产类停送电信息包括计划停电、临时停电、电网故障停限电、超电网供电能力停限电等；营销类停送电信息包括违约停电、窃电停电、欠费停电、有序用电等。

28. 95598 生产类停送电信息主要包括哪些部分？各部分主要内容有哪些？

答：95598 生产类停送电信息报送的填写内容主要包括供电单位、停电类型、停电区域（设备）、停电范围、停送电信息状态、停电计划时间、停电原因、现场送电类型、停送电变更时间、现场送电时间、发布渠道等信息。

（1）停电类型：主要包括计划停电、临时停电、电网故障停限电、超电网供电能力计划停限电、超电网供电能力临时停限电等类型。

（2）停电区域（设备）：停电涉及的供电设施（设备）情况，即停电的供电设施名称、供电设施编号、变压器属性（公变/专变）等信息。

（3）停电范围：停电的地理位置、涉及的高危及重要客户、专变客户、医院、学校、乡镇（街道）、村（社区）、住宅小区等信息。

（4）停送电信息状态：分有效和实效两类。

（5）停电计划时间：为计划停电、临时停电、超电网供电能力停限电（有序用电）停电的计划开始时间和计划结束时间，故障停电应为故障开始时间和预计故障修复时间。

（6）停电原因：指引发停电或可能引发停电的原因。

（7）现场送电类型：包括全部送电、部分送电、未送电。

（8）停送电变更时间：指变更后的停电计划开始时间及计划送电时间。

（9）现场送电时间：指现场实际恢复送电时间。

（10）发布渠道：指停送电信息发布的公共媒体。

29. 什么情况下应报送停送电信息？

答：公变以上设备计划停电、临时停电、故障停限电、超电网供电能力停限电应报送停送电信息。

30. 停送电信息催报流程是什么？

答：国网客服中心根据受理的客户报修情况，经核实未发现相关停送电信息的，通知各省客服中心催促本省相关单位报送停送电信息。

31. 规范编译的生产类停送电信息应有哪些内容？

答：（1）地市、县公司调控机构、运检部根据各自设备管辖范围编译的生产类停送电信息应包含供电单位、停电类型、停电区域（设备）、停电范围（高危及重要客户）、停送电信息状态、停电计划时间、停电原因、现场送电类型、停送电变更时间、现场送电时间等信息。

（2）地、县公司营销部在配合编译生产类停送电信息时，编译内容应包含高危及重要客户、停送电信息发布渠道等信息。

32. 停送电信息需要延长时，有什么注意事项？

答：若延迟送电，应至少提前 30 分钟向国网客服中心报送延迟送电原因及变更后的预计送电时间。

33. 停送电信息内容发生变化时，应该怎么处理？

答：停送电信息内容发生变化后 10 分钟内，地市、县公司调控机构应向国网客服中心报送相关信息，并简述原因。

34. 超电网供电能力停限电信息发布原则是什么？

答：超电网供电能力需停电时，原则上应提前报送停限电范围及停送电时间等信息，无法预判的停电拉路应按如下原则执行：营配信息融合完成的单位，调控机构应在停电拉路后 15 分钟内向国网客服中心报送停电信息；营配信息融合未完成的单位，地市、县公司各部门应按照专业管理职责在停电拉路后 10 分钟内编译停电信息报调控机构，调控机构应在收到各部门报送的停电信息后 5 分钟内报国网客服中心。调控机构收到现场送电汇报后 10 分钟内填写送电时间完成送电反馈。

35. 停送电信息如何进行编译？

答：通过选择主干线开关、分支线开关、配电变压器等配电网设备，依据电网拓扑关系，结合联络开关运行状态信息，从上至下进行电网拓扑分析，研判停电影响的范围；同时根据研判生成的停电设备，结合营配贯通平台结构化地址信息、接入点对应关系信息，分析停电地理区域及停电影响客户信息。

36. 故障报修工单的填写规范是什么？

答：（1）工单应使用书面语进行填写，内容描述应准确、简洁，避免错字、别字的发生；语句通顺、流畅，结构逻辑性强，避免产生歧义句。

（2）工单填写项目应尽可能完整，带有红色星号的为必填项；对于非必填项，本着便于处理的原则根据需要尽量填写。

（3）故障报修工单现场抢修记录应对故障处理过程进行描述，不应以“已处理”“已转部门处理”等形式回复。

（4）举证所需的材料、依据应以附件的形式上传，附件必须保证真实性和有效性。图片类附件须保证清晰。

37. 故障报修工单的现场抢修记录填写要求是什么？

答：现场抢修记录应准确记录故障设备名称、编号，故障修复情况等，超过一个台区以上范围停电的，必须填写停电设备，包括××设备、××线路、××台区。例如：由××单位××班，××（人员姓名）赶赴现场进行故障抢修，经查××点××分由于××原因导致

××干线、××线路、××号杆、××公用变压器停电（冒火、线路接地等），于××日××点××分抢修完毕，恢复供电。

38. 故障报修工单回复的“六要素”包括哪些内容？什么情况下，使用“六要素”填写抢修记录？

答：（1）故障报修工单回复的“六要素”包括处理时间、处理经过、处理依据、处理方案、客户意见和处理人。

（2）遇到以下情况需要使用“六要素”填写抢修记录：

1）对于无法明确对应模板的工单，可使用六要素作为回单内容。

2）涉及路灯（包括红绿灯），由政府部门自行请电工停电，与供电部门无关的停电，窃电、违约用电引起的停电，应客户要求配合停电或开表箱等。

39. 故障报修工单抢修完毕后的回复时限要求是什么？

答：故障抢修完毕后，具备远程终端或手持终端的单位，抢修班组 5min 内完成工单回填并发至本单位调控机构审核，调控中心 30min 内将审核完毕后的工单回复客服中心；不具备条件的由抢修班组 5min 内反馈调控中心，由调控中心 30min 内完成代填、审核并回复客服中心。

40. 国网客服中心回退故障报修工单的主要原因有哪些？

答：（1）客户诉求实际未处理好或未完全处理好，工作人员急于反馈工单，导致回访人员与客户核对信息时发生回退。

（2）用户首次报修的故障已经修复，但是在回访时又发生新的故障导致用户还是没电造成回退。

（3）故障修复完毕后未与报修本人联系，回访用户时，用户对抢修结果不清楚，造成回退。

（4）工单处理意见填写不规范，未按上级客服中心要求进行填写。

（5）工单处理意见反馈不真实或不完整，导致回访时客户提出异议。

（6）工单处理意见与工单受理内容不相符，未按客户诉求进行处理。

41. 故障报修工单被催办后处理方法是什么？

答：配网抢修指挥人员接到催办信息后，立即将催办信息告知抢修人员，由其联系用户做好沟通解释工作，可参照下述模板进行回复：××月××日，催办工单编号××，对应主工单编号××，该催办信息已告知××单位××班××（人员姓名），要求工作人员与客户取得联系并尽快处理客户诉求。

42. 抢修过程中抢修人员在哪些环节需要与客户进行联系？在业务支持系统中如何实现短信通知？

答：（1）抢修过程中抢修人员需要在以下三个环节与客户进行联系：一是抢修人员接单

后第一时间应与报修人联系，告知预计到达时间，平复报修人焦急心理，并告知报修人与抢修人员保持联系；二是抢修人员到达现场后，应立即告知报修人；三是抢修人员完成故障抢修后，告知报修人故障已排除，询问用电是否正常。

（2）业务支持系统可以在抢修工单下派、抢修到达现场、抢修复电三个关键点自动或手动触发短信通知客户；同时故障报修工单下派抢修班组后自动触发短信通知。

43. 防止产生催办工单的预控措施有哪些？

答：（1）接单后第一时间联系客户，做好解释工作。

（2）不论是否属停电类故障报修工单，抢修人员必须到现场，不能简单地通过电话联系判断故障原因。

（3）农村地区多户停电，且一时无法处理好的，及时向报修人、村委及现场其他客户说明情况，避免其他客户继续或重复拨打 95598。

44. 故障信息来源于配网抢修指挥技术支持系统的抢修有哪些工作流程？

答：（1）配网抢修指挥人员发现配网抢修指挥技术支持系统推送的停电告警信息后，会同调控员进行故障研判。研判为调度管辖范围内的设备发生故障，由值班调控员通知责任单位查找处理；研判为调度管辖范围外的低压设备故障，由配网抢修指挥人员通知相应责任单位。

（2）配网抢修指挥人员做好相关记录后，报送故障停电信息至 95598 系统。此时若有故障报修工单下派，配网抢修指挥人员通过关联对应后，迅速进行工单合并，减少同类工单下派至运维单位。

（3）若故障需调整运行方式或调度许可的，应由调控员进行方式调整，隔离故障点，完成安全措施后，再许可现场故障抢修；否则，由现场抢修人员处理后反馈至配网抢修指挥人员。

（4）配网抢修指挥人员按规定完成停电信息送电反馈，并审核回复工单是否满足国网客服中心的规范性要求，无误后进行确认、归档。

45. 故障信息来源于调度自动化系统的抢修有哪些工作流程？

答：（1）值班调控员通过调度自动化系统发现故障信息（10kV 故障信息），告知配网抢修指挥人员，并共同对故障进行研判（区分公用线路或专线），由值班调控员通知相应责任单位查找故障，10kV 专线故障通知客户服务中心协调处理。

（2）配网抢修指挥人员做好记录后，报送故障停电信息至 95598 系统。此时若有故障报修工单下派，配网抢修指挥人员通过关联对应后，迅速进行工单合并，减少下派至运维单位的同类工单数量。

（3）若故障需调整运行方式，由调控员进行方式调整，隔离故障点，完成安全措施后，许可现场故障抢修。现场抢修完毕后由抢修人员反馈处理结果至值班调控员和配网抢修指挥人员。

（4）调控员恢复配电网正常方式，配网抢修指挥人员按规定完成停电信息送电反馈，并审核回复工单是否满足国网客服中心的规范性要求，无误后进行确认、归档。

46. 什么是配网抢修指挥技术支持系统缺陷？

答：配网抢修指挥技术支持系统发生异常，影响工单处理、故障研判、停送电信息编译报送等配网抢修指挥业务的正常开展，均称为配网抢修指挥技术支持系统缺陷。

47. 配网抢修指挥人员交接班注意事项有哪些？

答：（1）交班人员在交接前应填好相关记录，做好现场清洁。否则，接班人员有权拒绝接班，其后果由交班人员负责。

（2）交班内容主要包括技术支持系统运行状况，在途工单、特殊工单情况，影响客户供电的配网故障、异常情况，计划停电、故障停电信息反馈情况，特殊交代事项等。

（3）交接班时间内发生故障抢修，应由交班人员负责处理，接班人员做好协助准备。

48. 配网故障研判支持系统对声音提醒有哪些要求？

答：抢修工单处理过程中，提供派单、到达、抢修完成等各处理环节的声音提醒及提醒窗等功能，同时针对派单、到达、抢修完成等重要环节即将超时的工单进行声音及文字提醒。

49. 配网故障研判支持系统对可靠性的要求有哪些？

答：（1）系统选用的软硬件产品应经过行业认证机构检测，具有可靠的质量保证。

（2）系统关键设备应冗余配置，单点故障不应引起系统功能丧失和数据丢失。

（3）系统应能隔离故障节点，故障切除不影响其他节点的正常运行，故障恢复过程快速。

50. 配网故障研判支持系统对可用性的要求有哪些？

答：（1）系统中的硬件、软件和数据信息应便于维护，有完整的检测、维护工具和诊断软件。

（2）功能模块可灵活配置，模块的增加和修改不应影响其他模块正常运行。

（3）人机界面友好，交互手段丰富。

51. 配网故障研判支持系统对安全性的要求有哪些？

答：（1）系统应满足《电力监控系统安全防护规定》及相关配套文件要求。

（2）系统应具有完善的权限管理机制，保证信息安全。

（3）系统应具备数据备份及恢复机制，保证数据安全。

52. 配网故障研判支持系统对扩展性的要求有哪些？

答：（1）系统容量可扩充，可在线增加配电终端信息接入等。

（2）系统节点可扩充，可在线增加服务器和工作站等。

（3）系统功能可扩充，可在线增加新的软件功能模块。

53. 配网故障研判支持系统对先进性的要求有哪些？

答：（1）系统硬件应选用符合行业应用方向的主流产品，满足配电网发展需求。

（2）系统支撑和应用软件应符合行业应用方向，满足配电网应用功能发展。

（3）系统构架和设计思路具有前瞻性，满足配电网技术发展的需求。

（二）提高篇

54. 工单挂起的处理原则是什么？

答：（1）对于客户诉求短期内无法彻底解决、无法制定解决方案的工单，征求客户意见后可以申请工单挂起。报修工单不允许申请工单挂起。

（2）工单挂起必须履行审批手续，由地市、县供电企业发起，省客服中心和国网客服中心分别在1个工作日内完成逐级审核后，由国网客服中心办理挂起手续。同一张工单只允许挂起1次。

（3）工单挂起时限由工单处理部门在申请时明确，挂起时限必须真实可信，不得无限期挂起工单。在挂起时限到期后工单自动唤醒，工单处理部门及时录入处理意见，回复工单。在挂起时限到期前已有处理意见的工单，工单处理部门可申请提前唤醒工单，录入处理意见。

（4）工单挂起原则上不超过10个工作日，涉及电网建设改造的工单原则上不超过60个工作日。

55.“最终答复”工单的定义及业务认定条件是什么？

答：（1）“最终答复”工单为各单位从政策法规、优质服务等角度已无法正常满足客户无理诉求，而对客户问题做出的最终回复。

（2）最终答复工单的业务认定条件是，必须在正式回单内容中同时加“【最终答复】”标示及“为最终答复”字样，缺少任一关键标示或字样则为不规范工单。

56.“最终答复”模板使用条件有哪些？

答：（1）符合正常工单填写规范和回复要求。

（2）客户诉求超出政策法规和优质服务的范畴。

（3）已向客户耐心解释，但客户仍不满意、不接受或坚持提出不合理诉求。

（4）经省公司责任部门分管副主任或以上领导签字确认、加盖部门（单位）公章。

（5）提供处理录音（录像）、相关文件和产权分界证明材料等必要的证据。

57. 故障研判技术原则中信息来源准确性校验原则是什么？

答：（1）主干线开关跳闸信息结合该线路下的多个配电变压器停电告警信息，校验主干线开关跳闸信息的准确性。

（2）分支线开关跳闸信息结合该支线路下的多个配电变压器停电告警信息，校验分支线开关跳闸信息的准确性。

（3）配电变压器停电告警信息通过实时召测配变终端及该配电变压器下随机多个智能电表的电压、电流、负荷值来校验配电变压器停电信息的准确性。

（4）客户失电告警信息通过实时召测客户侧电能表的电压、电流、负荷值来校验客户内部故障或低压故障。

58. 故障研判技术原则中信息来源自动过滤原则是什么？

答：信息来源自动过滤原则是指各类告警信息推送到配网故障研判技术支持系统进行故障研判前，需在已发布的停电信息范围内进行过滤判断。

59. 故障研判技术原则中信息交互的方式原则是什么？

答：（1）信息交互基于消息传输机制，实现实时信息，准实时信息和非实时信息的交换，支持多系统间的业务流转和功能集成，完成配网故障研判技术支持系统与其他相关应用系统之间的信息共享。

（2）信息交互必须满足《电力监控系统安全防护规定》，采取安全隔离措施，确保各系统及其信息的安全性。

（3）信息交互宜采用面向服务架构（SOA），在实现各系统之间信息交换的基础上，对跨系统业务流程的综合应用提供服务和支持。

60. 故障研判技术原则中信息交互的一致性原则是什么？

答：信息交互的一致性原则是指配网故障研判技术支持系统与相关应用系统的信息交互时，应采用统一交互原则，确保各应用系统对同一对象描述的一致性。

61. 客户失电的故障研判逻辑是什么？

答：依据客户报修信息，结合营配贯通客户对应关系，获取客户关联表箱及坐标信息，实现报修客户定位；依据电网拓扑关系由下往上追溯到所属配电变压器；召测客户电能表以及配电变压器的运行信息，根据电能表以及配电变压器运行信息判断故障。如电能表运行正常，则研判为客户内部故障；如电能表能够召测成功，但运行异常，则研判为低压单户故障；如电能表召测失败、配电变压器运行正常，则报修为低压故障；如果配电变压器有一相或两相电压异常（电压约等于0），则研判为配电变压器缺相故障；如果配电变压器电压、电流都异常（电压、电流都约等于0），则研判为本配电变压器故障。

62. 低压线路失电的故障研判逻辑是什么？

答：配网故障研判技术支持系统接收低压分支线开关跳闸或低压采集器失电告警信息后，由下往上进行电源点追溯，获取同一时段下的公共低压分支线开关和联络开关状态信息，从上至下进行电网拓扑分析，生成停电区域。一旦报送的低压分支线开关跳闸或低压采集器失电告警信息数在预先设定的允许误报率范围内，则研判为该公共低压分支线失电，并生成分支线故障影响的停电区域；否则，研判为本低压分支线或低压采集器失电。

63. 配电变压器失电的故障研判逻辑是什么？

答：针对配电变压器失电研判可通过以下两种情况实现，两种研判结果可作为相互校验的依据，并能实现研判结果的合并。第一种采用配电变压器故障信息直采，并从上至下进行电网拓扑分析；第二种未接收到配电变压器故障信息时，采用低压线路失电告警，由下往上进行电源点追溯到公共配电变压器，再由该配电变压器为起点，从上至下进行电网拓扑分析，生成停电区域。

64. 分支线失电的故障研判逻辑是什么？

答：针对分支线故障研判可通过以下两种情况实现，两种研判结果可作为相互校验的依据，并能实现研判结果的合并。第一种采用分支线故障信息直采，并从上至下进行电网拓扑分析；第二种未接收到分支线开关跳闸信息时，采用配电变压器停电告警，由下往上进行电源点追溯到公共分支线开关，再由分支线开关为起点从上至下进行电网拓扑分析，生成停电区域。

65. 主干线失电的故障研判逻辑是什么？

答：针对主干线失电研判可通过以下两种情况实现，两种研判结果可作为相互校验的依据，并能实现研判结果的合并。第一种采用主干线开关跳闸信息直采，从上至下进行电网拓扑分析；第二种未接收到主干线开关跳闸信息时，采用多个分支线开关跳闸信息和联络开关运行状态，由下往上进行电源点追溯到公共主干线开关，再由该主干线开关为起点，从上至下进行电网拓扑分析，生成停电区域。

66. 如何运用配网故障研判支持系统进行辅助研判？

答：通过各种手段研判供电路径（电表、表箱、配电变压器、线路、变电站），并应用研判结果，过滤重复报修工单，辅助工单合并。具体为：

（1）综合配电变压器终端停电信息、开关跳闸信号、计划停电信息，主动分析配电网故障及影响范围。

（2）使用结构化地址研判出工单的供电路径；报修客户提供户号的情况下，自动分析该工单的供电路径。

（3）受理客户报修时，利用结构化地址分析出供电路径后，判断该供电路径是否在已知停电范围内；报修客户提供户号的情况下，自动判断该客户是否在已知停电范围内。

（4）对已分析出同一停电区域或供电路径的 95598 工单按供电区域和路径进行合并。

（5）实现用采系统中低压电表、配电变压器的实时数据召测，辅助故障研判。

67. 配网故障研判支持系统中故障停送电信息如何进行报送？

答：（1）可通过配电网单线图选择停电设备进行拓扑分析及拓扑动态着色功能，同时自动生成停电范围，人工补充相关必要信息，报送故障停送电信息，故障处理结束后，向 95598 业务系统反馈送电信息。

（2）可依据总线故障跳闸告警、配电变压器停电告警、故障指示器短路告警等信息自动生成故障停电信息，包括停电范围、停电区域、停电原因等内容，人工确认后报送停电信息。故障工单处理完成后，自动向95598业务系统报送送电信息。

（3）在停电预计结束时间前，系统提供延时送电预警。

第九章　分布式电源接入

（一）基础篇

1. 什么是分布式电源？

答：分布式电源是指位于用户附近，所发电能就地利用，以 10kV 及以下电压等级接入电网，且单个并网点总装机容量不超过 6MW 的发电项目,包括太阳能、天然气、生物质能、风能、地热能、海洋能、资源综合利用发电等类型。

2. 分布式电源的优点有哪些？

答：分布式电源有以下优点：

（1）分布式发电系统中各电站相互独立，用户由于可以自行控制，不会发生大规模停电事故，所以安全可靠性比较高。

（2）分布式发电可以弥补大电网安全稳定性的不足，在意外灾害发生时继续供电，已成为集中供电方式不可缺少的重要补充。

（3）可对区域电力的质量和性能进行实时监控，非常适合向农村、牧区、山区，发展中的中、小城市或商业区的居民供电，可大幅减小环保压力。

（4）分布式发电的输配电损耗很低，无需建配电站，可降低或避免附加的输配电成本，同时土建和安装成本低。

（5）可以满足特殊场合的需求，如用于重要集会或庆典的移动分散式发电车。

（6）调峰性能好，操作简单，由于参与运行的系统少，启停快速，便于实现全自动。

3. 什么是分布式电源并网点、接入点、公共连接点？

答：（1）分布式电源的并网点：对于有升压站的分布式电源，并网点为分布式电源升压站高压侧母线或节点；对于无升压站的分布式电源，并网点为分布式电源的输出汇总点。如图 9.1 所示，A_1、B_1、C_1 点分别为分布式电源 A、B、C 的并网点。

（2）分布式电源的接入点：指电源接入电网的连接处，该电网既可能是公共电网，也可能是用户电网。如图 9.1 所示，A_2、B_2、C_2 点分别为分布式电源 A、B、C 的接入点。

（3）分布式电源的公共连接点：指用户系统（发电或用电）接入公用电网的连接处。如图 9.1 所示，C_2、D 点均为公共连接点，A_2、B_2 点不是公共连接点。

4. 分布式电源接入电网有哪些接线方式？

答：分布式电源接入电网的接线方式有：

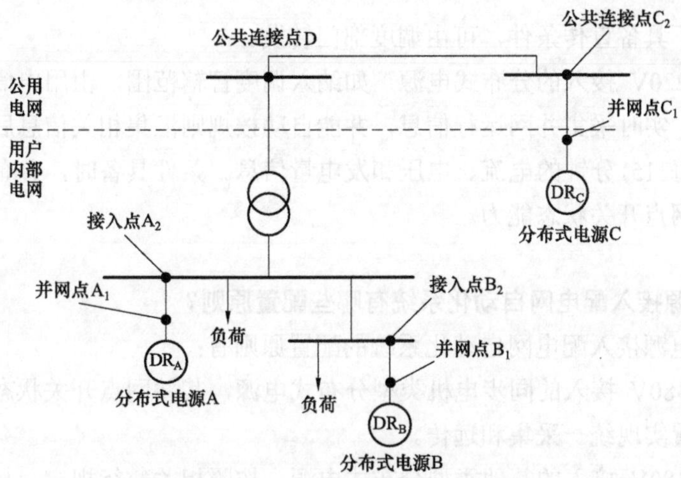

图 9.1 分布式电源并网点、接入点和公共连接点示意图

（1）专线接入：指分布式电源接入点处设置分布式电源专用的开关设备（间隔），如分布式电源直接接入变电站、开闭站、配电室母线，或环网柜等方式。

（2）T 接：指分布式电源接入点处未设置专用的开关设备（间隔），如分布式电源直接接入架空或电缆线路方式。

5. 分布式电源接入电网有哪些安全要求？

答：分布式电源接入电网的安全要求有：

（1）为保证设备和人身安全，分布式电源必须具备相应继电保护功能，以保证电网和发电设备的安全运行，确保维修人员和公众人身安全，其保护装置的配置和选型必须满足所辖电网的技术规范和反事故措施。

（2）分布式电源的接地方式应和电网侧的接地方式保持一致，并应满足人身设备安全和保护配合的要求。

（3）分布式电源必须在并网点设置易于操作、可闭锁、具有明显断开点的并网断开装置，以确保电力设施检修维护人员的人身安全。

（4）对于以 220/380V 并网的分布式电源，连接电源和电网的专用低压开关柜应有醒目标识。标识应标明“警告”“双电源”等提示性文字和符号。标识的形状、颜色、尺寸和高度参照 GB 2894—2008《安全标志及其使用导则》执行。

（5）10（6）～35kV 系统并网的分布式电源根据 GB 2894—2008 在电气设备和线路附近标识“当心触电”等提示性文字和符号。

6. 分布式电源配电网调度自动化系统的管理原则有哪些？

答：分布式电源配电网调度自动化系统的管理原则有：

（1）以 10（6）～35kV 接入的分布式电源，应能够实时采集并网运行信息，主要包括并网设备状态、并网点电压、电流、有功功率、无功功率和发电量等，并上传至相关电网调度部门；其电能量计量、并网设备状态等信息应能够按要求采集、上传至相关营销部门，如并网设备状态信息不具备直传条件，可由调度部门转发。

（2）以 380/220V 接入的分布式电源，如纳入调度管辖范围，由用电信息采集系统（或电能量采集系统）实时采集并网运行信息，并能自动按规则汇集相关信息后接入调度自动化系统，主要包括每 15 分钟的电流、电压和发电量信息。条件具备时，分布式发电项目应预留上传及控制并网点开关状态能力。

7. 分布式电源接入配电网自动化系统有哪些配置原则？

答：分布式电源接入配电网自动化系统的配置原则有：

（1）以 220/380V 接入的同步电机类型分布式电源，其并网点开关状态信息及发电量信息宜采用专用装置实现统一采集和远传。

（2）以 220/380V 接入的其他类型分布式电源，按照相关暂行规定，只考虑采集关口计费电能表计量信息，可通过配置无线采集终端装置或接入现有集抄系统实现电量信息采集及远传，一般不配置独立的远动系统。

（3）以 35/10kV 接入的分布式电源本体远动系统功能宜由本体监控系统集成，本体监控系统具备信息远传功能；本体不具备条件时，应独立配置远方终端，采集相关信息。

（4）以 380V/10kV 多点、多电压等级接入时，380V 部分信息由 35/10kV 接入的分布式电源本体远动系统统一采集并远传。

8. 分布式电源接入配电网的信息传输的原则有哪些？

答：分布式电源接入配电网的信息传输的原则有：

（1）35kV 接入的分布式电源远动信息上传宜采用专网方式，可单路配置专网远动通道，优先采用电力调度数据网络。

（2）10kV 接入用户侧的分布式光伏发电、风电、海洋能发电项目、220/380V 接入的分布式电源项目，可采用无线公网通信方式，但应满足信息安全防护要求。

（3）通信方式和信息传输应符合相关标准的要求，一般可采取基于 DL/T 634.5101—2002《远动设备及系统　第 5101 部分：传输规约　基本远动任务配套标准》和 DL/T 634.5104—2009《远动设备及系统　第 5104 部分：传输规约　采用标准传输协议集的 IEC61870-5-101 网络访问》通信协议。

（4）当分布式电源以 10/35kV 接入配电网时，应上传并网设备状态、并网点电压、电流、有功功率、无功功率等实时运行信息并按照相关要求定时上传发电量信息。

9. 分布式电源接入的安全防护原则是什么？

答：分布式电源接入时，应满足“安全分区、网络专用、横向隔离、纵向认证”的二次安全防护总体原则，应配置相应的安全防护设备。

10. 分布式电源接入系统母线保护有哪些配置原则？

答：分布式电源接入系统母线保护应满足以下配置原则：

（1）分布式电源系统设有母线时，可不设专用母线保护，发生故障时可由母线有源连接元件的后备保护切除故障。如后备保护时限不能满足稳定要求，可相应配置保护装置，快速切除母线故障。

（2）应对系统侧变电站或开关站侧的母线保护进行校验，当不能满足要求时，则变电站或开关站侧应配置保护装置，快速切除母线故障。

11. 什么是分布式光伏发电？

答：分布式光伏发电，是指采用光伏组件，将太阳能直接转换为电能的分布式发电系统。它是一种新型的、具有广阔发展前景的发电和能源综合利用方式，它倡导就近发电、就近并网、就近转换、就近使用的原则，不仅能够有效提高同等规模光伏电站的发电量，同时还有效解决了电力在升压及长距离输送中的损耗问题。

12. 光伏发电的主要特点是什么？

答：光伏发电主要特点有：

（1）发电设备主要由电子元器件构成，不涉及机械部件，也没有回转运动部件，运行没有噪声。

（2）没有燃烧过程，发电过程不需要燃料。

（3）发电过程没有废气污染，没有废水、废物排放。

（4）设备安装和维护都十分简便，维修保养简单，维护费用低，运行可靠稳定，使用寿命长。

（5）环境条件适应性强，可在不同环境下正常工作。

（6）能够在长期无人值守的条件下正常稳定工作。

（7）根据需要很容易进行容量扩展，扩大发电规模。

13. 分布式光伏发电系统分为几种类型？

答：分布式光伏发电系统可以分为独立光伏发电系统和并网光伏发电系统 2 种类型。独立光伏发电系统也叫离网光伏发电系统，是指太阳能发电系统不与公用电网连接的发电方式。并网太阳能光伏发电系统是指将太阳能发电系统直接连接到公用电网的发电方式。

14. 光伏电源接入配电网有哪些方式？并网系统的组成结构有哪些？

答：光伏电源接入配电网方式有发电站模式并网、线变组模式并网、开关站模式并网（通过用户内部电网接入公用电网）。

并网系统的组成结构包括光伏组件、汇流箱、直流配电柜、逆变器、交流配电柜、升压变压器等。

15. 分布式光伏并网有哪些运营模式？

答：分布式光伏并网的运营模式一般按照电能消纳方式，可将分布式电源项目分为全部上网、全部自用、自发自用余电上网三种。接入用户内部电网的分布式电源项目可自行选择电能消纳方式，用户不足电量由电网提供。

16. 分布式光伏接入电压等级选择原则是什么？

答：对于单个并网点，接入的电压等级应按照安全性、灵活性、经济性的原则，根据分布式光伏发电容量、导线载流量、上级变压器及线路可接纳能力、地区配电网情况综合比选后确定。

（1）接入电压等级选择 10kV 单个并网点容量 300kW～6MW 推荐采用 10kV 接入；设备和线路等电网条件允许时，也可采用 380V 接入。

（2）接入电压等级选择 380V 单个并网点容量 300kW 以下推荐采用 380V 接入。

（3）当采用 220V 单相接入时，应根据当地配电管理规定和三相不平衡测算结果确定接入容量。一般情况下单点最大接入容量不应超过 8kW。

17. 10kV 及以下的分布式电源接入电网有哪些接入形式？

答：10kV 及以下分布式电源接入电网形式有逆变器和旋转电机两类。逆变器类型分布式电源经逆变器接入电网，主要包括光伏、全功率逆变器并网风机等；旋转电机类型分布式电源分为同步电机和感应电机两类，同步电机类型分布式电源主要包括天然气三联供、生物质发电等，感应电机类型分布式电源主要包括直接并网的感应式风机等。

18. 对接入分布式电源的 10kV 配电网运行维护有哪些要求？

答：10kV 配电网的分布式电源运行维护应按以下要求执行：

（1）调度运行管理按照电源性质实行；

（2）系统侧设备消缺、检修优先采用不停电作业方式；

（3）系统侧设备停电检修工作结束后，分布式电源用户应按次序逐一并网。

19. 对接入分布式电源的 220/380V 配电网运行维护有哪些要求？

答：220/380V 配电网的分布式电源运行维护应按以下要求执行：

（1）系统侧设备消缺、检修优先采用不停电作业方式；

（2）系统侧设备停电消缺、检修，应按照供电服务相关规定，提前通知分布式电源用户。

20. 分布式光伏发电接入系统典型设计原则是什么？

答：分布式光伏发电接入系统典型设计应满足分布式光伏发电与电网互适性要求，遵循“安全可靠、技术先进、投资合理、标准统一、运行高效”的设计原则。设计方案的选择既要有普遍性、可扩展性，又要有经济性；既要覆盖面广，又不宜太多。

典型设计应实现分布式光伏发电项目接入规范化，为设备招标、降低分布式光伏发电项目接入系统建设和运营成本创造条件，实现分布式光伏发电与电网建设的和谐统一。

21. 分布式电源涉网设备的操作应由哪些部门负责？

答：分布式电源涉网设备，应按照并网调度协议约定，纳入地市公司调度管理。分布式电源并网点开关（属用户资产）的操作，须经地市公司和项目方人员共同确认后，由地市公司相关部门许可。其中，35kV、10kV 接入项目，由地市公司调控机构确认和许可；380V 接入项目，由地市公司营销部（客户服务中心）确认和许可。

22. 什么是孤岛？防孤岛保护的作用是什么？什么是反孤岛装置？

答：孤岛即公共电网失压时，电源仍保持对用户电网中的某一部分线路继续供电的状态。

防孤岛保护是当检测到分布式电源处于孤岛运行状态，动作于断开分布式电源与公用电网连接的保护措施。

反孤岛装置是指可向分布式电源并网点主动注入电压或频率扰动信号的专用安全保障设备，消除逆变器设备自身防孤岛检测失效带来的安全隐患。

23. 孤岛的危害有哪些？

答：由于电力系统不再控制孤岛系统中的电压和频率，如果孤岛系统中的分布式发电机不能提供电压和频率调节，或没有限制电压和频率偏移的继电保护装置，则用户得到的电压和频率将波动很大，可能引起用户设备的损坏。

当一条线路本应该没有电而由孤岛中的分布式发电机供电时，将使线路维修的工作人员或其他人员有触电的危险。

当孤岛系统重新与电力系统并列运行时，分布式发电机可能与系统不同步，有可能损坏孤岛系统中的分布式发电设备；并列时的电压相位差将对发电机产生非常大的冲击电流，也将导致系统的重新解列。

24. 接有分布式光伏电源的 10kV 线路保护的配置原则有哪些？

答：接有分布式光伏电源的 10kV 线路发生短路故障时，线路保护能快速动作，瞬时跳开断路器，满足全线故障时快速可靠切除故障的要求。10kV 线路在系统侧配置一套线路方向过流保护或距离保护，光伏电站侧可不配线路保护，靠系统侧切除线路故障。

对两台及以上升压变压器的升压变电站或汇集站，10kV 线路可配置一套纵联电流差动保护，采用方向过流保护作为其后备保护。

25. 什么是风力发电？其有哪些优缺点？

答：风力发电是以风力作为动力，带动发电机将风能转化为电能的过程。

风力发电主要优点有清洁、可再生、基建周期短、装机规模灵活等。其主要缺点有：噪声及视觉污染，占用大片土地，不稳定不可控，目前成本仍然很高，影响鸟类等。

26. 什么是风电场？

答：风电场是由一批风电机组或风电机组群（包括机组单元变压器）、汇集线路、主升压变压器及其他设备组成的发电站。

27. 什么是风电场低电压穿越？

答：风电场低电压穿越是指电力系统事故或扰动引起并网点电压跌落时，在一定的电压跌落范围和时间间隔内，风电机组/风电场能够保证不脱网连续运行。

28. 风电场电压控制目标是什么？

答：当公用电网电压处于正常范围内时，风电场应当能够控制风电场并网点电压在标称电压的97%～107%范围内。

29. 风电场电压控制有哪些基本要求？

答：风电场应配置无功电压控制系统，具备无功功率调节及电压控制能力。根据电力系统调控机构指令，风电场自动调节其发出（或吸收）的无功功率，实现对风电场并网点电压的控制，其调节速度和控制精度应能满足电力系统电压调节的要求。

30. 风电场负荷短期预测和超短期预测是如何定义的？

答：未来3天内的风电输出功率预测称为短期预测，0~4h的风电输出功率预测称为超短期预测，时间分辨率均不小于15min。

31. 什么是潮汐能？

答：由于引潮力的作用，海水不断地涨潮、落潮。涨潮时，海水具有很大的动能；同时，水位逐渐升高，动能转化为势能。落潮时，水位陆续下降，势能又转化为动能。海水在运动时所具有的动能和势能统称为潮汐能。

32. 什么是潮汐能发电？

答：潮汐能发电，就是利用海水涨落及其所造成的水位差来推动水轮机，再由水轮机带动发电机来发电。潮汐能发电示意图如图9.2所示。

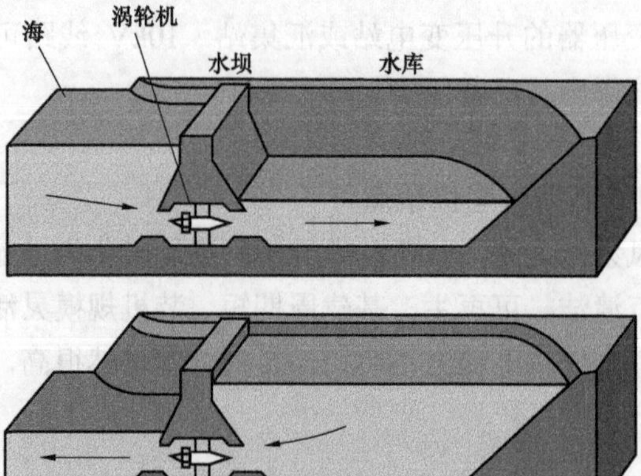

图9.2 潮汐能发电示意图

33. 潮汐能发电有哪些优缺点？

答：潮汐能发电主要有以下优点：

（1）潮汐能是一种清洁的可再生能源。

（2）全年总发电量稳定，很少受气候、水文等自然因素的影响。

（3）建设方便。不需淹没农田构成水库，不存在人口迁移、淹没农田等复杂问题。

（4）减低灾害。潮汐电站不需要筑高水坝，即使发生战争或地震等自然灾害，水坝受到破坏，也不至于对下游城市、农田、人民生命财产等造成严重灾害。

（5）发电成本低。潮汐能开发是一次能源和二次能源相结合，不用燃料，不受一次能源价格的影响，而且运行费用低，是一种经济能源，每度电的成本只相当火电站的$\frac{1}{8}$。

（6）机组多。机组台数一般比较多，而且不用设置备用机组。

潮汐能发电有以下缺点：

（1）间歇性。潮差和水头在一日内经常变化，在无特殊调节措施时，出力有间歇性。但可按潮汐预报提前制订运行计划，与大电网并网运行，以克服其间歇性。

（2）潮差大。潮汐存在半月变化，潮差可相差二倍，故保证出力、装机的年利用小时数也低。潮汐变化周期为太阴日（24h50min），月循环约为 14 天多，每天高潮落后约 50min，故与按太阳日给出的日需电负荷图配合较差。

（3）造价高。和河川水电站一样，存在一次投资大、发电成本低的特点。潮汐电站建在港湾海口，通常水深坝长，施工、地基处理及防淤等问题较困难。故土建和机电投资大，造价较高。

（4）设备易被腐蚀。潮汐电站是低水头、大流量的发电形式。涨落潮水流方向相反，故水轮机体积大，耗钢量多，进出水建筑物结构复杂。而且因浸泡在海水中，海水、海生物对金属结构物和海工建筑物有腐蚀和沾污作用，故需作特殊的防腐和防海生物粘附处理。

34. 潮汐能电站有哪些形式？

答：潮汐能电站主要有单库单向电站、单库双向电站、双库双向电站 3 种形式。

单库单向电站即只用一个水库，仅在涨潮（或落潮）时发电。

单库双向电站用一个水库，但是涨潮与落潮时均可发电，只是在平潮时不能发电。

双库双向电站是用两个相邻的水库，使一个水库在涨潮时进水，另一个水库在落潮时放水，这样前一个水库的水位总比后一个水库的水位高，故前者称为上水库，后者称为下水库。水轮发电机组放在两水库之间的隔坝内，两水库始终保持着水位差，故可以全天发电。

35. 潮汐能发电站对机组的要求主要有哪些？

答：潮汐能发电站对机组有以下主要要求：

（1）应满足潮汐低水头、大流量的水力特性。

（2）机组一般在水下运行，因而对机组的防腐、防污、密封和对发电机的防潮、绝缘、通风、冷印、维护等要求高。

（3）机组随潮汐涨落发电，开、停机次数频繁，因而要选用适应频繁起动和停止的开关设备。

（4）对双向发电机组，由于正、反向旋转，相序也相应变换，因而在设计电气主接线时，要考虑安装倒向开关，使电源接入系统或负荷时，保证相序固定不变。

36. 什么是生物质发电？

答：生物质发电是利用生物质所具有的生物质能进行的发电，是可再生能源发电的一种，包括农林废弃物直接燃烧发电、农林废弃物气化发电、垃圾焚烧发电、垃圾填埋气发电、沼气发电。

37. 生物质发电有哪些优点？

答：（1）增加清洁能源比重；

（2）改善环境；

（3）增加农民收入，缩小城乡差距。

38. 什么是地热发电？其主要类型有哪些？

答：地热发电是把地下的热能转变为机械能，然后再将机械能转变为电能的能量转变过程。地热发电主要有地热蒸汽发电和地热热水发电两类。

39. 什么是余热发电？有何特点？

答：余热发电是指利用生产过程中多余的热能转换为电能的技术。余热发电不仅节能，还有利于环境保护。余热发电的重要设备是余热锅炉，它利用废气、废液等工质中的热或可燃质作热源，生产蒸汽用于发电。由于工质温度不高，故锅炉体积大，耗用金属多。用于发电的余热主要有高温烟气余热，化学反应余热、废气、废液余热、低温余热（低于200℃）等。

40. 什么是热电冷联产发电？

答：热电冷联产发电是指锅炉产生的蒸汽在背压汽轮机或抽汽汽轮机发电，其排汽或抽汽，除满足各种热负荷外，还可做吸收式制冷机的工作蒸汽，生产6～8℃冷水用于空调或工艺冷却。

41. 热电冷联产发电有哪些特点？

答：（1）蒸汽不再降压或经减温减压后供热，而是先发电，然后用抽汽或排汽满足供热、制冷的需要，可提高能源利用率。

（2）增大背压机负荷率，增加机组发电，减少冷凝损失，降低煤耗。

（3）保证生产工艺，改善生活质量，减少从业人员，提高劳动生产率。代替数量大、型式多的分散空调，改善环境景观，避免“热岛”现象。

（二）提高篇

42. 在哪些情况下风力发电机组应进行停机处理？

答： 出现下列情况应停机处理：

（1）叶片处于不正常位置与正常运行状态不符时；

（2）风电机组主要保护装置拒动或失灵时；

（3）风电机组因雷击损坏时；

（4）风电机组发生叶片断裂等严重机械故障时；

（5）出现制动系统故障时。

43. 为什么风电场要进行运行分析？

答： 风电场进行运行分析主要是对风电设备的运行状况，安全运行，经济运行以及运行管理进行综合性或专题性分析，通过分析可以摸索出运行规律，找出设备的薄弱环节，有针对性地制定防止事故的措施，从而提高风电设备运行的技术管理水平和风电场的经济效益。

44. 风电场有功功率变化限值的范围是怎样的？

答： 正常运行情况下，风电场有功功率变化最大限值见表 9.1，该要求也适用于风电场的正常停机。允许出现因风速降低或风速超出切出风速而引起的风电场有功功率变化超出最大限值的情况。

表 9.1　　正常运行情况下，风电场有功功率变化最大限值　　MW

风电场装机容量	10 分钟 有功功率变化最大限值	1 分钟 有功功率变化最大限值
小于 30	10	3
30～150	装机容量/3	装机容量/10
大于 150	50	15

45. 哪些情况下风电场应根据电力系统调控机构的指令快速控制其输出的有功功率？

答： 在电力系统事故或紧急情况下，风电场应根据电力系统调控机构的指令快速控制其输出的有功功率，必要时可通过安全自动装置快速自动降低风电场有功功率或切除风电场，此时风电场有功功率变化可超出电力系统调控机构规定的有功功率变化最大限值。

（1）电力系统事故或特殊运行方式下要求降低风电场有功功率，以防止输电设备过载，确保电力系统稳定运行。

（2）当电力系统频率高于 50.2Hz 时，按照电力系统调控机构指令降低风电场有功功率，严重情况下切除整个风电场。

（3）在电力系统事故或紧急情况下，若风电场的运行危及电力系统安全稳定，电力系统调控机构应按规定暂时将风电场切除。

46. 风电场的预测曲线上报规定是怎样的?

答:(1)风电场每15min自动向电力系统调控机构滚动上报未来15min~4h的风电场发电功率预测曲线,预测值的时间分辨率为15min。

(2)风电场每天按照电力系统调控机构规定的时间上报次日0~24时风电场发电功率预测曲线,预测值的时间分辨率为15min。

47. 风电场的无功容量配置有哪些规定?

答:(1)风电场的无功容量应按照分(电压)层和分(电)区基本平衡的原则进行配置,并满足检修备用要求。

(2)对于直接接入公共电网的风电场,其配置的容性无功容量能够补偿风电场满发时场内汇集线路、主变压器的感性无功及风电场送出线路的一半感性无功之和,其配置的感性无功容量能够补偿风电场自身的容性充电无功功率及风电场送出线路的一半充电无功功率。

(3)对于通过220kV(或330kV)风电汇集系统升压至500kV(或750kV)电压等级接入公共电网的风电场群中的风电场,其配置的容性无功容量能够补偿风电场满发时场内汇集线路、主变压器的感性无功及风电场送出线路的全部感性无功之和,其配置的感性无功容量能够补偿风电场自身的容性充电无功功率及风电场送出线路的全部充电无功功率。

(4)风电场配置的无功装置类型及其容量范围应结合风电场实际接入情况,通过风电场接入电力系统无功电压专题研究来确定。

48. 风电场低电压穿越的基本要求是什么?

答:风电场低电压穿越要求见图9.3。

(1)风电场并网点电压跌至20%标称电压时,风电场内的风电机组应保证不脱网连续运行625ms。

(2)风电场并网点电压在发生跌落后2s内能够恢复到标称电压的90%,风电场内的风电机组应保证不脱网连续运行。

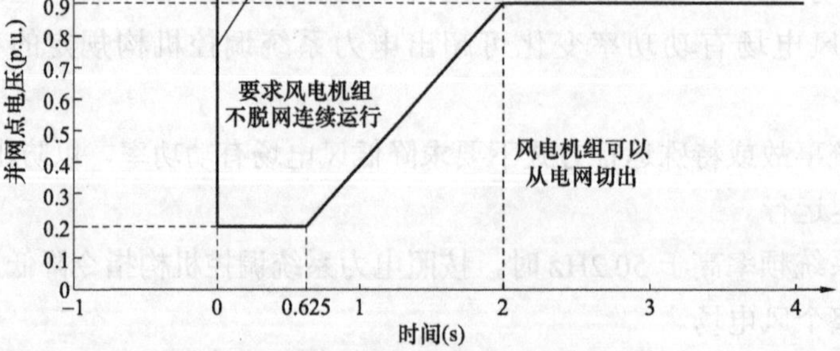

图9.3 风电场低电压穿越要求

49. 风电场在不同电力系统频率范围内的运行规定是怎样的？

答：风电场应在表所示电力系统频率范围内按规定运行见表 9.2：

表 9.2 风电场在不同电力系统频率范围内的运行规定

电力系统频率范围（Hz）	要 求
小于 48	根据风电场内风电机组允许运行的最低频率而定
48～49.5	每次频率低于 49.5Hz 时要求风电场具有至少运行 30min 的能力
49.5～50.2	连续运行
大于 50.2	每次频率高于 50.2Hz 时，要求风电场具有至少运行 5min 的能力，并执行电力系统调控机构下达的降低出力或高周切机策略，不允许停机状态的风电机组并网

50. 风电场正常运行时，应向调控机构提供哪些信号？

答：正常运行时，风电场向电力系统调控机构提供的信号至少应包括以下方面：

（1）单个风电机组运行状态。

（2）风电场实际运行机组数量和型号。

（3）风电场并网点电压。

（4）风电场高压侧出线的有功功率、无功功率、电流。

（5）高压断路器和隔离开关的位置。

（6）风电场测风塔的实时风速和风向。

51. 分布式电源并网调度管理有哪些要求？

答：分布式电源并网调度管理主要有以下要求：

（1）调控机构应参与审查分布式电源接入系统方案，重点检查短路电流、无功平衡、一次接线方式、主要设备选型、涉网继电保护及安全自动装置配置、调度自动化与安全防护等内容。

（2）凡要求并入配电网运行的分布式电源项目，不论其投资主体或产权归属，均应签订并网调度协议，满足并网运行条件后方可并网。

（3）新建分布式电源项目应在并网前向调控机构提供书面资料和有关电子文档并提出一次设备命名编号建议。

（4）调控机构应在分布式电源启动并网前 10 个工作日确定调度名称，下达调度管辖范围和设备命名编号。

（5）分布式电源项目关口电能计量装置安装、合同与协议签订后，调控机构负责组织相关部门，开展项目并网验收工作，出具并网验收意见。配合业主开展项目并网调试，双方确认项目满足要求后，项目转入并网发电运行。

52. 分布式电源调度计划管理有哪些要求？

答：分布式电源调度计划管理有以下要求：

（1）分布式电源应严格执行调控机构下达的发电计划曲线（或实时调度曲线）。

（2）调控机构根据电网和分布式电源的实际情况，安全、经济安排并网分布式电源参与电力系统调峰、调频、调压、备用。并网分布式电源应按照值班调控员的指令执行。

（3）分布式电源应按规定向管辖调控机构报送检修计划，并按照调控机构下达的检修计划严格执行。

53. 分布式电源的接入对配电网电能质量有哪些影响？

答：分布式电源采用分散、就地的供电方式，能够及时快速地提供电能，从而提高供电可靠性和供电质量。当电网关联负载较大时，在尽可能短的时间内，分布式电源可以在相关控制策略下投入使用，从而尽可能地减少系统故障，并提高整个电网系统的稳定性。分布式电源的不规则启停将会导致其输出功率波动，分布式电源与配电网负荷的不协调运行，可能直接或间接引起电压闪变。分布式电源并网时将有大量电力电子器件被应用到系统中，对其进行操作会引起电网电流、电压波形发生畸变，从而造成电网的谐波污染。

54. 分布式电源的接入对配电网系统损耗有哪些影响？

答：整个配电系统的功率流向，将随着在配电网中的负荷附近接入分布式电源系统而发生变化。按节点负荷和分布式电源出力大小的关系，又会出现以下不同情况：

（1）系统中每个节点的负荷量都大于或等于该节点的分布式电源输出量，分布式电源将会对配电网有减少损耗作用。

（2）系统中至少有一个节点的分布式电源输出量大于该节点的负荷量，但整个系统分布式电源的输出量小于系统中的总负荷量，分布式电源有可能会使配电网中某些线路的损耗增加，但总的来说，整个配电网中的损耗还是会减少。

（3）系统中至少有一个节点的分布式电源输出量大于该节点的负荷量，且整个系统分布式电源的输出量大于系统中的总负荷量。若分布式电源的总输出量小于总负荷量的两倍，整个配电网中的系统损耗将会比不带分布式电源时还多。

55. 分布式电源接入系统工程设计的无功配置应满足哪些要求？

答：分布式电源接入系统工程设计的无功配置应满足以下要求：

（1）分布式电源的无功功率和电压调节能力应满足 Q/GDW 212—2008《电力系统无功补偿装置技术原则及修编说明》、GB/T 29319—2012《光伏发电系统接入配电网技术规定》的有关规定，应通过技术经济比较，提出合理的无功补偿措施，包括无功补偿装置的容量、类型和安装位置。

（2）分布式电源系统无功补偿容量的计算应依据变流器功率因数、汇集线路、变压器和送出线路的无功损耗等因素。

（3）对于同步电机类型分布式发电系统，可省略无功计算。

（4）分布式发电系统配置的无功补偿装置类型、容量及安装位置应结合分布式发电系统实际接入情况确定，必要时安装动态无功补偿装置。

56. 分布式电源接入系统在配置安全自动装置时应满足哪些条件？

答：分布式电源接入系统安全自动装置应满足以下条件：

（1）根据需要提出频率电压异常紧急控制装置配置需求及方案。

（2）分布式电源接入系统设计需提出故障录波装置配置，防孤岛与备自投装置、自动重合闸等自动装置配合的要求。

（3）根据分布式电源对同期的要求，提出同期方案。

（4）提出安全自动装置对通信通道的技术要求，包括传输时延、带宽、接口方式等。

（5）提出对电流互感器、电压互感器和直流电源等的技术要求。

57. 分布式电源接入配电网的功率控制要求有哪些？

答：分布式电源接入配电网的功率控制要求主要有：

（1）当调度端对分布式电源有功率控制要求时，应明确参与控制的上下行信息及控制方案；

（2）分布式电源通信服务器应具备与控制系统的接口，接受调控机构的指令，具体调节方案由配电网调度部门根据运行方式确定。

（3）分布式电源有功功率控制系统应能够接收并自动执行调控机构发送的有功功率及有功功率变化的控制指令，确保分布式电源有功功率及有功功率变化按照配电网调度部门的要求运行。

（4）分布式电源无功电压控制系统应能根据调控机构指令，自动调节其发出（或吸收）的无功功率，控制并网点电压在正常运行范围内，其调节速度和控制精度应能满足电力系统电压调节的要求。

58. 分布式电源在电网事故或紧急情况下的运行管理有哪些要求？

答：分布式电源在电网事故或紧急情况下的运行管理要求有：

（1）分布式电源应配合电网调控机构保障电网安全，严格按照电网调控机构指令参与电力系统运行控制。

（2）在电力系统事故或紧急情况下，为保障电力系统安全，电网调控机构有权限制分布式电源出力或暂时解列分布式电源。10（6）～35kV 接入的分布式电源应按地市供电公司调控机构指令控制其有功功率；220/380V 接入的分布式电源应具备自适应控制功能，当并网点电压、频率越限或发生孤岛运行时，应能自动脱离电网。

（3）分布式电源因电网发生扰动脱网后，在电网电压和频率恢复到正常运行范围之前不允许重新并网。在电网电压和频率恢复正常后，通过 10（6）～35kV 接入的分布式电源恢复并网应经过地市供电公司调控机构的允许；220/380V 接入的分布式电源需要经过一定延时时间后才能重新并网，延时值应大于 20s，并网延时时间由地市供电公司调控机构在接入系统审查时给定，避免同一区域分布式电源同时并网。

（4）10（6）～35kV 接入的分布式电源因故退出运行，应立即向地市供电公司调控机构汇报，经调控机构同意后方可按调度指令并网。分布式电源应做好事故记录并及时上报调控机构。

59. 分布式电源接入35kV及以下时，配电网设计应遵循哪些基本原则？

答：分布式电源接入35kV及以下时，配电网设计应遵循以下基本原则：

（1）接入配电网的分布式电源按照类型应主要包括变流器型分布式电源、感应电机型分布式电源及同步电机分布式电源。

（2）分布式电源接入配电网，其电能质量、有功功率及其变化率、无功功率及电压、在电网发生异常时的响应，均应满足现行国家、行业标准的有关规定。

（3）分布式电源接入配电网设计应遵循资源节约、环境友好、新技术、新材料、新工艺的原则。

60. 分布式电源并网检测要求有哪些？

答：分布式电源并网检测要求有：

（1）分布式电源接入电网的检测点为电源并网点，必须由具有相应资质的单位或部门进行检测，并在检测前将检测方案报所接入电网调控机构备案。

（2）分布式电源应当在并网运行后6个月内向电网调控机构提供有资质单位出具的有关电源运行特性的检测报告，以表明该电源满足接入电网的相关规定。

（3）当分布式电源更换主要设备时，需要重新提交检测报告。

61. 分布式电源并网检测内容有哪些？

答：检测应按照国家或有关行业对分布式电源并网运行制定的相关标准或规定进行，必须包括但不仅限于以下内容：

（1）有功输出特性，有功和无功控制特性。

（2）电能质量，包括谐波、电压偏差、电压不平衡度、电压波动和闪变、电磁兼容等。

（3）电压电流与频率响应特性。

（4）安全与保护功能。

（5）电源启停对电网的影响。

（6）调控机构要求的其他并网检测项目。

62. 大量分布式光伏发电并网后对电网可能产生哪些问题？应如何降低影响？

答：大量分布式光伏发电并网后对电网可能产生的问题有：

（1）配电网规划方面问题：

1）增加了电力负荷预测的难度。

2）加大了配电网规划的不确定性。

3）提高了对配电网的要求。

（2）运行控制方面：

1）功率控制方面的困难。

2）配电网潮流控制问题。

3）配电网电压调节问题。

4）电能质量问题，谐波及谐波叠加、共振，电压波动及闪变等。

5）继电保护及重合闸的影响，可能导致保护误动、拒动及重合闸动作失败。

6）孤岛运行对线路运维人员人身安全造成威胁等。

（3）降低影响措施：

1）分布式光伏与配电网建设协调规划。

2）加强分布式光伏相关技术研究，建立分布式光伏并网技术及管理规定。

3）加强分布式电源出力预测、运行监控工作。

63. 光伏电源接入配电网对10kV馈线保护以及馈线重合闸有哪些影响？

答：对10kV馈线保护的影响是当光伏电源接入位置或接入容量不同时对配电网保护的影响程度不同。如果光伏电源的容量相对配电网容量来说很大时，它提供的短路电流足以使某些保护拒动或误动，不能满足继电保护的灵敏性、选择性要求。

对馈线重合闸有以下影响：

（1）重合不成功。故障跳闸失去电网电源后，由于光伏电源可能继续向故障点提供电流，妨碍了故障点电弧的熄灭，使原本瞬时性故障转变为永久性故障，导致重合不成功。此外电弧的长期存在还会损坏设备给维护带来很大的困难。

（2）非同期重合闸。由光伏电源单独供电的电力孤岛与电网不能保持同步，出现很大的相位差，此时进行非同期重合闸会产生很大的冲击电流，冲击电流对电网和光伏电源系统设备均带来致命的冲击。

64. 光伏电源接入配电网对接入变电站备自投装置会产生哪些影响？

答：当一台主变压器失电，母线失去系统电源，如光伏电源尚未切除，则由于线路侧光伏电源的存在，母线仍有电压，不满足备自投条件，自投失败。

65. 逆变器类型分布式电源接入10kV配电网技术要求有哪些？

答：逆变器类型分布式电源接入10kV配电网技术要求主要有：

（1）并网点应安装易操作、可闭锁、具有明显开断点、带接地功能、可开断故障电流的开断设备。

（2）逆变器应符合国家、行业相关技术标准，具备低电压闭锁、检有压自动并网功能（推荐采用低于20%U_N、0.2s闭锁发电，检有压85%U_N自动并网控制参数）。

（3）分布式电源专线方式接入时，专线线路可不设或停用重合闸。

（4）公共电网线路投入自动重合闸时，应校核重合闸时间是否与分布式电源并、离网控制时间配合（重合闸时间宜整定为1s）。

（5）分布式电源功率因数应在0.95（超前）～0.95（滞后）范围内可调。

66. 逆变器类型分布式电源接入220/380V配电网技术要求有哪些？

答：逆变器类型分布式电源接入220/380V配电网技术要求主要有：

（1）并网点应安装易操作，具有明显开断指示、具备开断故障电流能力的低压并网专用开关，专用开关应具备失压跳闸及检有压合闸功能。

（2）逆变器应符合国家、行业相关技术标准，具备高/低电压闭锁、检有压自动并网功能（推荐采用低于 20%U_N、10s 闭锁发电，检有压 85%U_N 自动并网控制参数）。

（3）分布式电源接入容量超过本台区配电变压器额定容量 25%时，配电变压器低压侧刀熔总开关应改造为低压总开关，并在配电变压器低压母线处装设反孤岛装置；低压总开关应与反孤岛装置间具备操作闭锁功能，母线间有联络时，联络开关也应与反孤岛装置间具备操作闭锁功能。

（4）分布式电源接入 380V 配电网时，宜采用三相逆变器；分布式电源接入 220V 配电网前，应校核同一台区单相接入总容量，防止三相功率不平衡情况。

（5）分布式电源功率因数应在 0.95（超前）～0.95（滞后）。

67. 旋转电机类型分布式电源接入 10kV 配电网技术要求有哪些？

答：旋转电机类型分布式电源接入 10kV 配电网技术要求主要有：

（1）分布式电源接入系统前，应对系统侧母线、线路、开关等进行短路电流、热稳定校核。

（2）分布式电源采用专线方式接入时，专线线路可不设或停用重合闸。

（3）分布式电源并网点应安装易操作、可闭锁、具有明显开断点、带接地功能、可开断故障电流的断路器。

（4）同步电机类型分布式电源，并网点开关应配置低周、低压保护装置，具备故障解列及检同期合闸功能，低周保护定值宜整定为 48Hz、0.2s，高/低压保护动作时间见表 9.3。

（5）感应电机类型分布式电源，并网点开关应配置高/低压保护装置，具备电压保护跳闸及检有压合闸功能，高/低压保护动作时间见表 9.3，检有压定值宜整定为 85%U_N。

（6）感应电机类型分布式电源与公共电网连接处（如用户进线开关）功率因数应在 0.98（超前）～0.98（滞后）。

（7）相邻线路故障可能引起同步电机类型分布式电源并网点开关误动时，并网点开关应加装电流方向保护。

（8）公共电网线路投入自动重合闸时，宜增加重合闸检无压功能；条件不具备时，应校核重合闸时间是否与分布式电源并、离网控制时间配合（重合闸时间宜整定为 2+δt 秒，δt 为保护配合级差时间）。

表 9.3　电压保护动作时间要求

并网点电压 U	要求
$U < 50\% U_N$	最大分闸时间不超过 0.2s
$50\% U_N \leqslant U < 85\% U_N$	最大分闸时间不超过 2s
$85\% U_N \leqslant U < 110\% U_N$	连续运行
$110\% U_N \leqslant U < 135\% U_N$	最大分闸时间不超过 2.0s
$135\% U_N \leqslant U$	最大分闸时间不超过 0.2s

注　1. U_N 为分布式电源并网点的电网额定电压。

2. 最大分闸时间是指异常状态发生到电源停止向电网送电时间。

68. 旋转电机类型分布式电源接入 220/380V 配电网技术要求有哪些？

答：旋转电机类型分布式电源接入 220/380V 配电网技术要求主要有：

（1）分布式电源接入前，应对接入的母线、线路、开关等进行短路电流、热稳定校核。

（2）并网点应安装易操作，具有明显开断指示、具备开断故障电流能力的断路器。

（3）分布式电源接入容量超过本台区配电变压器额定容量 25%时，配电变压器低压侧刀熔总开关应改造为低压总开关，并在配电变压器低压母线处装设反孤岛装置；低压总开关应与反孤岛装置间具备操作闭锁功能，母线间有联络时，联络开关也应与反孤岛装置间具备操作闭锁功能。

（4）同步电机类型分布式电源，并网点开关应配置低周、低压保护装置，具备故障解列及检同期合闸功能，低周保护定值宜整定为 48Hz、0.2s，高/低压保护动作时间见表 9.3。

（5）感应电机类型分布式电源，并网点开关应配置高/低压保护装置，具备电压保护跳闸及检有压合闸功能，高/低压保护动作时间见表 9.3，检有压定值宜整定为 85%U_N。

（6）感应电机类型分布式电源与公共电网连接处（如用户进线开关）功率因数应在 0.98（超前）~0.98（滞后）范围内。

第十章　配电网发展趋势

（一）基础篇

1. 什么是智能配电网技术？其主要包括哪些方面？

答：智能配电网（Smart Distribution Grid）在传统配电网技术基础上发展起来，能实现传统配电网的规划、监测、控制、分析和管理功能。智能配电网技术采用智能化设备、智能终端、智能主站系统实现分布式能源接入后的配电网监控、电压/无功控制、应急处理和自愈控制、安全预警等功能。

智能配电网技术主要包括智能配电自动化技术、配电网风险评估与故障快速处理技术、智能配电网停电管理、智能配电网规划、分布式发电与微电网技术、电动汽车充放电技术等方面。

2. 智能配电网有哪些主要功能特征？

答：智能配电网针对其设计、建造、运行、维护等环节，综合应用各种先进自动化技术、通信技术、信息技术以及现代管理理念和手段，实现延长设备寿命，确定资产更换的优先顺序，减少配电网故障，降低配电网改造投资等目的。智能配电网主要具有以下功能特征：

（1）具有自愈能力。智能配电网能够及时检测出已发生或正在发生的故障并进行相应的纠正性操作，使其不影响对用户的正常供电或将影响降至最小。

（2）具有更高的安全性。智能配电网能够很好地抵御外力与自然灾害的破坏，能够将破坏影响限制在一定范围内，避免出现大面积停电，保障重要用户的正常供电。

（3）提供更高质量的电能。智能配电网实时监测并控制电能质量，使电压有效值和波形符合用户的要求，保证用户设备的正常运行并且不影响其使用寿命。

（4）支持分布式电源的大量接入。智能配电网不再像传统配电网那样，被动地硬性限制分布式电源接入点与容量，而是从有利于可再生能源足额发电、节省整体投资出发，有效地接入分布式电源并发挥其作用。

（5）可对配电网及其设备进行可视化管理。智能配电网全面采集配电网及其设备的实时运行数据以及电能质量扰动、故障停电等数据，为运行人员提供高级的图形界面，使其能够全面掌握电网的运行状态，克服目前配电网因“盲调”造成的反应速度慢、效率低下等问题；对电网运行状态进行在线诊断与风险分析，为运行人员进行调度决策提供技术支持。

（6）具有更高的资产利用率。智能配电网实时监测电网设备温度、绝缘水平、安全裕度等，在保证安全的前提下增加传输功率，提高系统容量利用率；通过对潮流分布的优化，减少线损，提高运行效率；在线监测并诊断设备的运行状态，实施状态检修，延长设备使用寿命。

3. 什么是智能型配电自动化？

答：智能型配电自动化包括系统监视与控制、配电系统管理和与用户交互。通过与智能电网其他组成部分的协同运行，智能型配电自动化可以改善系统监视、无功与电压管理、降低网损、人员调度和维修作业等。

4. 什么是配电网风险评估与自愈？

答：在研究配电网故障恢复前，需要首先开展配电网的风险评估和事故预防研究工作。需要研究基于实时测量的复杂配电网趋势预测和不确定性分析方法；研究复杂配电网的概率风险和安全水平评估方法；研究考虑气候、环境及自然灾害因素的复杂配电网安全预防控制技术。

配电网自愈是指智能配电系统能够及时检测出已发生或正在发生的故障并进行相应的纠正性操作，使其不影响对用户的正常供电或将其影响降至最小。自愈主要是解决供电不间断的问题，是对供电可靠性概念的延伸。

5. 什么是智能配电网停电管理？

答：智能配电网停电管理作为配电网管理的重要组成部分，其智能化是配电网智能化的重要标志之一。智能配电网停电管理系统应在信息集成的基础上，综合分析各类停电事件（包括配电自动化实时信号、故障报修电话、计划检修停电信息等），在地理图上进行直观可视化显示，进行故障快速诊断、准确定位、投诉电话处理等，用于管理配电网停电和恢复指挥过程，建立电网企业和用户间的良好关系。

6. 什么是微电网？

答：微电网是将发电机、负荷、储能装置及控制装置等结合，形成一个单一可控的独立供电系统。它采用了大量的现代电力电子技术，将微型电源和储能设备并在一起，直接接在用户侧。

对于大电网来说，微电网可被视为电网中的一个可控单元，可以在数秒钟内动作以满足外部输配电网络的需求；对于用户来说，微电网可以满足他们特定的需求，如降低馈线损耗、增加本地可靠性、保持本地电压稳定、通过利用余热提高能量利用效率等。

7. 微电网有哪些主要特征？

答：微电网的主要特征包括：

（1）电压等级相对较低，为 380V 或 10kV；

（2）规模都比较小，在 5000kW 以下；

（3）涵盖不同类型，有城市并网型微电网、偏远农牧区并网型微电网、海岛地区离网型微电网等。

8. 典型微电网由哪些部分组成？

答：典型微电网由以下部分组成：

（1）集控中心。可实现整个系统的智能化、可视化管理，具有系统运行及平台展示双重功能。

（2）多种分布式电源。如太阳能电池、微型风力发电机组、自备发电机组等。

（3）多种智能化用户。这些用户均拥有交互式智能电能表、一体化通信网络以及可扩展的智能电气接口，可支持双向通信、智能读表、用户资源管理等功能。

（4）具有自愈（故障重构）能力的电力网络。由新型开关设备、测量设备和通信设备组成，在集控中心调度管理下可自动实现故障定位诊断、故障隔离和恢复供电。

（5）多种储能设备。基于对微电网安全性和经济性的考虑，系统中要有一定数量的储能设备，以应对电压波动等电能质量事件。目前主要储能设备有铅酸电池、钠硫电池、超级电容、飞轮等。

9. 微电网具有哪些优点？

答：微电网具有以下优点：

（1）微电网几乎具有智能配电网的所有特点，如双向交互性、网络自愈功能、灵活性等。

（2）可以提高分布式电源的有效运行时间。

（3）有助于在电网受到外力或者自然灾害破坏时保障对重要负荷的持续供电。

（4）可以在微电网范围内有效解决电压、谐波问题，避免分布式电源周围用户电能质量的直接影响。

（5）可以尽量就地平衡分布式发电电能，有助于可再生能源优化利用和电网节能降损。

10. 电动汽车换电设施接入对配电网有哪些技术要求？

答：（1）电动汽车充换电设施接入电网要求：

根据国家电网公司的相关规定，充换电设施中公交车充换电站、集中充电站等大型站列入二级负荷，宜由 2 回 10kV 线路进行供电；其他类型充换电站列为三级负荷，由 1 回 10kV 线路进行供电；小型的配送站由于负荷总容量偏小，供电电源宜采用低压 0.4kV 电源供电，当周边没有低压 0.4kV 电源时，可采用 1 回 10kV 电源供电。

（2）对电能质量的要求：

按照 GB/T 12325—2008《电能质量　供电电压偏差》、GB/T 14549—1993《电能质量　公用电网谐波》、GB/T 15945—1995《电能质量　电力系统频率偏差》等国家标准的规定，公用电网为充电站提供的电能应达到以下电能质量要求：

1）电压允许偏差为额定电压的±7%。

2）标称频率为 50Hz，频率偏差允许值为±0.2Hz。

3）按照 GB/T 14549—1993 的规定，公用电网谐波电压（相电压）限值见表 10.1。

表 10.1　　公用电网谐波电压（相电压）

标称电压（kV）	电压总谐波畸变率	各次谐波电压含有率	
		奇　次	偶　次
0.4	5%	4%	2%
10	4%	3.2%	1.6%

11. 研究电动汽车充放电技术有哪些重要意义？

答：随着电网智能水平以及电动汽车保有量的大幅提高，未来电动汽车的车载电池可能作为智能电网中的移动储能单元。

（1）在电网高峰负荷时段有电动汽车车载电池向电网传输电能，而在电网非高峰负荷时段由电网为电动汽车车载电池进行充电，能够有效降低电网峰谷差，降低传统调峰备用发电容量，提高电网利用效率。同时随着配电网智能化水平的提高以及需求侧管理手段的丰富，电动汽车还能完成需求响应等电网辅助服务，进一步提高电网配电效率。

（2）在可再生能源发电比重较高的微电网系统中，电动汽车可在可再生能源发电功率较大而电网负荷较低的时候吸纳电能，在可再生能源发电功率较低而电网负荷较高时释放电能，从而有效平衡可再生能源波动性的发电功率和电网负荷之间的不同步性，辅助电网有效接纳波动性可再生能源发电容量。

(3) 通过分时电价及有偿电网辅助服务政策的实行，电动汽车用户能够在不影响自身使用的前提下，通过低谷时段较低电价充电以及高峰时段较高电价放电获取直接的经济效益。

12. 什么是智能用电？其目的是什么？

答：智能用电或称智能用电服务，是依托坚强电网和现代管理理念，利用高级计量、高效控制、高速通信、快速存储等技术，实现市场响应迅速、计量公正准确、数据实时采集、收费方式多样、服务高效便捷，构建智能电网与电力用户电力流、信息流、业务流实时互动的新型供用电关系。

智能用电将供电端到用户端的所有设备，通过传感器连接，形成紧密完整的用电网络，并对信息加以整合分析，实现电力资源的最佳配置，达到降低用户用电成本、提升供电可靠性、提高用电效率的目的，从而带动智能家居、智能交通、智能社区、智能城市的发展。

13. 什么是电力需求侧管理？其内容有哪些？实施手段有哪几种？

答：电力需求侧管理是指在政府法规和政策支持下，采取有效的激励和引导措施以及适合的运作方式，通过发电公司、电网公司、能源服务公司、社会中介组织、产品供应商、电力用户等共同协力，提高终端用电效率和改变用电方式，在满足同样用电功能的同时减少电量消耗和电力需求，为达到节约资源和保护环境，实现社会效益最优、各方受益、成本最低的能源服务所进行的管理活动。

电力需求侧管理包括提高能效、负荷管理和能源替代、余能回收及新能源发电。实施电力需求侧管理可采用多种手段，概括起来主要有技术手段、经济手段、引导手段、行政手段四种。

14. 什么是用户定制电力技术？采用用户定制电力技术的目的是什么？

答：为了提高电能质量和供电可靠性，应用现代电力电子和控制技术，为用户提供具有特定质量要求的电能，称为用户定制电力技术。

采用用户定制电力技术的目的，是为了提高用户的电能质量和供电可靠性。

15. 什么是电力特种光缆？其主要类型及应用范围是什么？

答：电力特种光缆将光缆和电力线路相结合，敷设在不同电压等级的电力线路上，具有高可靠、长寿命、与输电线路共用通道等突出优点。主要的电力特种光缆及其应用范围如表10.2所示。

表10.2　主要的电力特种光缆及其应用范围

序号	光缆名称	主要使用场合
1	光纤复合架空地线（OPGW）	新建线路或替换原有地线
2	全介质自承式光缆（ADSS）	杆塔上悬挂架设
3	光纤复合架空相线（OPPC）	新建线路或替换原有相线
4	光纤复合低压电缆（OPLC）	电力光纤到户

16. 什么是光纤复合低压电缆？

答：光纤复合低压电缆（OPLC）是指将光纤复合在低压（0.4kV）电缆中，使电缆在进行电力传输的同时兼具光纤通信的功能，其结构剖面如图10.1所示。采用光纤复合低压电缆，能够在布放电力电缆的同时构建覆盖居民用户的高速通信网络平台，降低了综合成本，也避免了二次施工造成的资源浪费。采用光纤复合低压电缆将光纤随低压电缆敷设，可以实现电力光纤到户，配合光接入设备，构建公共服务基础平台，能够承载用电信息采集、智能用电双向交互业务，并在供电的同时，服务国家“三网融合”战略。

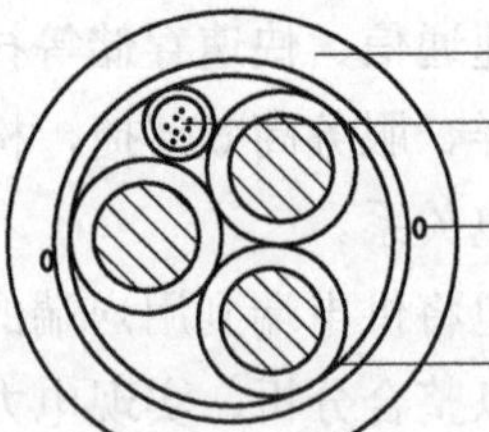

图10.1　光纤复合低压电缆结构剖面图

17. 什么是电力光纤到户？其实现的业务及功能有哪些？

答：电力光纤到户是指在低压通信接入网中采用光纤复合低压电缆（OPLC），将光纤随低压电力线敷设，实现到表到户，配合无源光网络技术，承载用电信息采集、智能用电双向交互、“三网融合”等业务。可实现电表、水表、燃气表信息的远程采集，家居智能用电分析与控制，分布式能源接入管理，以及用户、社区与95598客服系统之间的信息互动等多种功能。电力光纤到户构建公共服务基础平台，能够实现网络基础设施的共建共享，解决了信息高速公路的末端接入问题，在提供电能、满足智能配电网自身业务需求的同时，支持电信网、广播电视网、互联网的同网传输。

18. 信息安全接入平台的作用是什么？

答：信息安全接入平台是在等级保护纵深防御体系的基础上，结合智能配电网信息技术应用情况，能够实现对企业移动办公、移动作业、用电信息采集、用电设备在线监测等现有各类业务和未来智能配电网的信息内外网、公网业务的统一安全接入与信息交换，并对边界接入业务进行统一集中监控与管理，全面提高电网企业信息网络边界的整体安全性。

19. 信息平台及安全试点工程的内容有哪些？

答：信息平台及安全试点工程分为平台类和安全类 2 大类 6 个子项目。其中平台类包括信息运维综合监管系统深化应用平台、一体化企业级数据集中管理平台、电网空间信息服务平台、智能信息集成平台 4 个子项；安全类包括信息安全主动防御体系、电力二次系统内网安全监视平台 2 个子项。建设内容涵盖平台集中、业务融合、信息展现、决策智能、安全防御等方面。

20. 信息平台及安全试点工程的目的是什么？

答：信息平台及安全试点工程的目的在于构建智能配电网全部环节的信息化基础支撑平台，实现运维监管、数据管理、信息服务、信息集成等电网基本功能，满足国家等级保护和风险评估要求。深化信息系统应用安全、数据安全，构建电力二次系统内网安全防护平台，实现信息系统安全预警、应急处理和灾难恢复。

21. 什么是全球能源互联网？

答：全球能源互联网是以特高压电网为骨干网架（通道），已输送清洁能源为主导，全球互联泛在的坚强智能电网。全球能源互联网将由跨国跨洲骨干网架和涵盖各国各电压等级电网（输电网、配电网）的国家泛在智能电网构成，连接“一极一道”（北极地区风电、赤道地区太阳能发电）和各洲、各国大型能源基地，适应各种分布式电源接入需要，能够将风能、太阳能、海洋能等可再生能源输送到各类用户。

（二）提高篇

22. 建设智能配电网有哪些作用？

答：智能配电网将使配电网从传统的供方主导、单向供电、基本依赖人工管理的运营模式向用户参与、潮流双向流动、高度自动化的方向转变。随着我国配电网建设的进展，将产生越来越明显的经济效益与社会效益，主要有以下三个方面：

（1）实现配电网的最优运行，达到经济高效。配电网应用先进的监控技术，对运行状况进行实时监控并优化管理，降低系统容载比并提高其负荷率，使系统容量能够获得充分利用，从而可以延缓或减少电网一次设备的投资，产生显著的经济效益和社会效益。

（2）提供优质可靠电能，保障现代社会经济发展。智能配电网在保证供电可靠性的同时，还能够为用户提供满足其特定需求的电能质量，不仅可以克服以往故障重合闸、倒闸操作引起的短暂供电中断，而且可以消除电压骤降、谐波、不平衡的影响，为各种高科技设备的正常运行、为现代社会与经济的发展提供可靠优质的电力保障。

（3）推动新能源革命，促进环保与可持续发展。传统的配电网的规划设计、保护控制与运行管理方式基本上不考虑小电源的接入，为不影响配电网的正常运行，现有的标准或运行导则对接入的分布式电源的容量及其并网点的选择都做出了严格的限制，制约了分布式发电的推广应用。智能配电网具有很好地适应性，能够大量地接入分布式电源并减少并网成本，极大地推动可再生能源发电的发展，大大降低化石燃料使用和碳排放量，在促进环保的同时，实现电力生产方式与能源结构的转变。

23. 电动汽车接入对电力系统的运行与规划会产生哪些影响？为减小或消除这些影响可采取哪些措施？

答：随着未来电动汽车的普及，电动汽车大规模接入电网充电，将对电力系统的运行与规划产生不可忽视的影响。这些影响主要包括：

（1）负荷的增长。若大量电动汽车集中在负荷高峰期充电，将进一步加剧电网负荷峰谷差，加重电力系统的负担。

（2）电网运行优化控制难度的增加。电动汽车用户的用车行为和充电时间与空间分布的不确定性，使得电动汽车充电负荷具有较大的随机性，加大电网控制的难度。

（3）影响电能质量。电动汽车充电负荷属于非线性负荷，所使用的电力电子设备将产生一定的谐波，可能影响电能质量。

（4）对配电网规划提出新的要求。在配电网中增加众多充电设施以及大量电动汽车充电，将改变配电网负荷结构和特性，传统的配电网规划准则可能无法适用于电动汽车大规模接入的情景。

为减小或消除电动汽车这些影响，可采取以下措施：

（1）相较于充电模式，换电模式下电动汽车电能补给速度快，并可以在负荷低谷期间对电池集中充电。集中充电站亦可作为电网重要储能环节。

（2）电动汽车充放电控制主要是基于已有配电网络和常规用电约束，优化电动汽车大规模接入情况下的充电功率，使之能最大限度地利用已有配电网，协调控制各辆电动汽车的充放电顺序和时间，以提高配电网运行的经济性。

（3）电动汽车接入电网后，对电网规划中的负荷预测、站点布置等均有影响，同时还会影响配电网的电能质量、可靠性和经济运行。为了促进电动汽车的发展和普及，完善其与电网的互动，研究充电方式和充电站的布局、电动汽车的负荷特性模型、电动汽车充放电控制策略，以及与其他可再生能源的协同调度运行显得尤为重要。

24. 电动汽车接入对输电网和配电网将产生哪些影响？

答：电动汽车接入对输电网的影响是间接的。随着大量电动汽车接入，导致用电负荷的增长，而充电负荷的时空不确定性将主要对输电网安全、经济运行以及输电网规划产生影响。电动汽车接入对电力系统的影响主要在配电网层面，电动汽车充电负荷较常规负荷具有时空随机性强的特点，给配电网运行带来了更多的不确定性。主要涉及配电网的电能质量、可靠性和经济运行等方面。

电动汽车的接入对配电网电能质量的主要影响包括电压下降，谐波污染和三相不平衡。其中电动汽车接入电网后对电力电子设备造成的谐波污染体现在四个方面：一是使测量仪表不准确；二是易损坏大容量电容器；三是加重的负荷使电力导线过热；四是使保护装置误报警。研究表明，电动汽车在深夜充电时，将成为造成电压畸变的主要设备，充电产生的谐波可能对变压器的寿命、电缆以及继电保护装置造成影响。大量电动汽车接入会带来三相不平衡问题，电动汽车充电负荷应在三相之间合理分配。

从各种不同数量电动汽车接入电网充电对电网的影响分析，可以得出以下结论：

（1）当线路负载率较低时，合理的电动汽车接入电网充电将会提高线路的运行效率，使线路经济运行；但是当电动汽车接入数量增加时，由于流经线路和变压器的电流增大，导致线路负载过重，线路的负载损耗增加，从而让线路从经济运行区域转变到非经济运行区域。

（2）大量的电动汽车接入电网充电会影响线路的节点电压，尤其是末端节点电压会严重下降，影响用户的正常用电。

（3）随着电动汽车接入数量的增加，无控制的电动汽车充电需求会对电网产生较大的负面影响，应当对其加以控制和引导。

25. 电动汽车接入对电网调度运行有哪些影响？

答：随着大量的电动汽车通过完善的电动汽车充放电基础设备与配电网紧密连接，通过智能充放电操作可在配电网侧显著平抑电网负荷、频率波动，将极大地降低大电网调峰、调频的需求，降低大电网峰谷差，提高大电网负荷率，降低电网备用容量需求，显著改变大电网运行方式。同时，电动汽车的动力电池还可以作为分布式储能单元成为智能配电网的组成部分。由于电动汽车数量巨大，且具有移动性、分散性等特点，因此电动汽车充放电基础设施将对配电网规划中的配电容量设置、配电线路选型、继电保护设置等方面产生巨大影响。电动汽车存储电能向电网供电又受到汽车行驶特性的影响，具有一定程度的随机性，与其移动性和分散性一起，对配电网调度运行提出了更高的要求。

26. 电力需求侧管理有哪些重要意义？

答：电力需求侧管理技术激励用户参与电网调峰，平衡电网负荷，对于促进电力行业的可持续发展具有较强的现实意义和长远意义。具体来说，推广实施电力需求侧管理的意义主要体现在以下方面：

（1）激励电力用户参与电网调峰，减少电网安全运行压力，平衡电网负荷，引导用户侧科学、合理用电，提高全社会的用电水平。电力需求侧管理技术通过价格杠杆，调动电力用户主动参与电网调峰，这将减轻电网运行压力，平衡电网负荷。某些需求侧管理的手段，例如峰谷电价、可中断负荷电价等，提供了一种使用户对供电方式进行选择的机制，可以引导用户根据自己的生产特点和要求选择供电方式，以更加科学、合理地用电。同时，需求侧管理带来电网高峰负荷的降低、负荷曲线的平稳，提高了全社会的用电水平。

（2）可以实现电力资源以及社会资源的优化配置，保证电力工业的可持续发展。电力需求侧管理是综合资源规划的重要组成部分。它通过对用户的用电方式进行合理的引导，减少或推迟了发电机组的投资，实现了整个电力系统资源以及社会资源的优化配置，从而保证了电力工业的可持续发展。

27. 智能配电网对中低压通信接入网提出哪些要求？

答：智能配电网的发展对中低压通信接入网的网络结构、覆盖范围、技术应用、带宽需求和业务管理等方面提出了更高的要求。

（1）逐步建设和完善中压通信接入网网络结构。根据智能配电网配用电环节和农网发展需要，向下扩展延伸骨干通信网，强化中低压通信接入网建设，形成上下贯通、面向用户、安全防控的一体化通信平台。

（2）提升网络覆盖能力。中压通信接入网主要覆盖配电网开关站、配电室、环网柜、柱上开关、配电变压器、分布式能源站点、电动汽车充电站、配电线路等；低压通信接入网全面支撑用电信息采集系统建设，实现对所有电力用户和关口的全面通信覆盖。

（3）依托公司骨干通信网和中低压电力线路资源，在各地市、县级供电企业建设以电力光纤通信为主，中低压电力线载波为辅，无线公网等其他方式为补充和延伸的中低压通信接入网。

（4）完善和优化现有业务网络，提升业务网服务能力。根据通信技术的发展水平，实现各类业务网络的平滑演进和融合，为配电自动化、用电信息采集、电动车充电站、电力光纤到户等业务提供支撑和保障。

（5）在带宽需求上，中压通信接入网上端与骨干网的四级网相连接，向下同时承载配电自动化、配变监测、用电信息采集、分布式电源、电力光纤到户等业务，中低压通信接入网的带宽要保障所承载业务的信息流快速、可靠、安全传输，满足电力光纤到户通信上联需求。

（6）结合配用电通信网管理系统建设，在地（市）供电企业建设统一接口、统一标准的配用电一体化通信网管系统和管理平台，满足配用电各环节、各层次信息采集、交互、存储、处理等多方面需求，实现对各种通信方式的集中管理。

28. 为什么要建设全网统一的电力通信网络智能化管理系统？

答：坚强的智能通信网是智能配电网的重要支撑平台，智能配电网建设对通信网提出了更高的要求，体现在以下四个方面：

（1）智能化的业务管理。电力通信管理系统在不同的平台之间，以及数据和平台的紧密耦合导致内部不同的系统信息资源分散，横向难以共享，纵向难以贯通等问题。需要建立统一的通信网络智能化管理系统满足业务系统之间的数据共享，实现具有智能管理功能的多个应用子系统的集合，提供智能化的管理服务。

（2）智能化的资源管理。建立全网统一的电力通信网络智能化管理系统，实现国、网、省通信智能化管理系统的互联互通；实现一体化通信网络综合监视、一体化资源调配和一体化通信流程管理功能，为智能配电网各环节提供坚强的通信信息平台。同时，以光纤复合架空地线（OPGW）为主的光通信网络已经覆盖地市供电企业及主要厂站，要求对光缆、通信信息网络设备实施监控，还需要对设备性能、配置及安全进行管理，提供对通信故障和业务故障的智能分析功能，帮助运维人员快速准确定位故障和处理故障。

（3）智能化的辅助决策。通过对通信网络的事件信息、告警信息进行策略分析，判断网络运行状态和故障原因，建立策略库存储故障分析的策略数据，通过策略对告警信息进行智能分析，为通信故障和业务故障的定位和处理提供辅助决策，实现对通信网络进行监视和资源管理。同时变被动应急处理方式为主动积极预防式管理监控网络故障、性能，保证业务需要的服务质量。

（4）智能配电网的需求。智能配电网的建设推动了电网通信设备智能化水平的提高和通信业务需求的增长。一方面，与之相适应的通信网络规模日渐扩大，对网络的可靠性、安全性、时效性提出了越来越高的要求；另一方面，业务接入的灵活性和网络运维的规范性都对电力通信网络管理系统提出了新的要求，建设全网统一的电力通信网络智能化管理系统已成为必然趋势。

29. 智能配电网的建设给信息安全带来了哪些新的挑战？

答：智能配电网环境下信息系统与外界的交互性增加、数据传输实时性增强、智能终端接入方式增多、用户服务需求提升等特征引入了新的安全风险，给电网企业信息安全防护工作带来了新的挑战。主要体现在以下三个方面：

（1）信息系统遭受攻击后危害更加巨大。智能配电网下，信息系统集成度更高，任何环节存在安全隐患，就有可能会导致服务完全中断或大面积安全事故。如智能变电站采集、测量、保护、控制终端与调控机构之间控制指令被篡改或伪造，就有可能导致大面积的停电事故。

（2）数据安全重要性进一步提升。随着智能配电网的建设，电力企业信息化程度的不断提升，关键数据愈发集中。在此情况下，数据的安全越来越重要，数据一旦丢失，将会严重影响信息系统日常业务的正常运作，另外，敏感信息的泄漏也会造成难以估量的社会影响。

（3）信息安全防控难度进一步增加。智能配电网下信息内外网边界的各类接入对象（无线表计、移动终端、移动办公、车载系统、银行、监管机构、农电营业厅、供应商、社会大众等）采用多种接入方式和信息内、外网进行数据交换与通信。智能配电网将面临更加复杂的接入环境、多样灵活的接入方式，这些都对信息安全的防控能力提出了新的挑战。

30. 在通信信息平台的建设过程中应该注意哪些问题？

答：通信信息平台的建设过程中应注意以下问题：

（1）坚持统筹规划、资源共享、分布实施原则。依据国家电网公司电网统一部署，根据各地实际情况和技术条件，深入分析智能配电网发展对通信的需求，注重各级通信网的衔接，加强各级通信网络资源系统管理能力，强化资源共享；考虑全局和长远发展的要求，统一标准，分年度、分阶段实施通信平台的建设。

（2）坚持适度超前，先进成熟的原则。深刻认识企业发展和智能配电网对通信业务需求和业务类型日益增长的需求，准确把握通信与信息融合的趋势，适度超前于配电网发展及企业管理信息化的需要，在保障电网安全的前提下，积极采用先进成熟的通信技术和信息技术，提高通信信息平台的可靠性、灵活性及运行管理效率，拓展服务类型、转变服务方式、提升服务质量。

（3）坚持建设与技改并举的原则。坚持全面、协调、安全、经济的原则，在加快基本建设的同时，注重技术改造，充分发挥已有资源的潜力；大力支持骨干网架和中低压通信接入网建设，加强通信网络运行状况评价和系统生存性能评估，统筹改造项目和资金投入，着力提升网络的整体性能。

（4）坚强智能配电网建设对信息化提出了更高的集成和标准化要求，要建立完善多业务协同工作机制，实现信息化的及时跟进，加强信息化需求的统一管理和统一建设，强化跨部门标准的协调一致、多业务应用的集成共享和同步推进，逐步形成高度协同的企业管理和信息化工作的互动和融合。

（5）梳理生产控制与管理信息大区信息交互需求，研究统一信息交换方式，实现两个大区的信息融合共享，为实现智能配电网各个环节的信息贯通奠定基础。

（6）随着智能配电网的建设，会有大量外部用户访问企业内部应用系统，信息安全问题更加突出，要进一步加快“主动、智能、纵深”的信息安全保障体系的建设。

31. 发展全球能源互联网的基本原则是什么？

答：全球能源互联网是落实全球能源观、实现“两个替代”的重要载体。在其发展过程中，最核心的是要坚持两个基本原则。

（1）清洁发展的原则。清洁发展是应对气候变化、实现人类可持续发展的根本要求。在形成全球广泛共识的基础上，各国应围绕清洁低碳发展目标，制定能源发展战略规划，加快转变能源发展方式、提高清洁能源比重，共同推动全球清洁能源开发利用。全球能源互联网要围绕世界能源清洁、低碳发展这个目标加快布局、加快建设，更好地推动各种集中式、分布式清洁能源的高效开发利用，推动能源发展方式从传统化石能源主导向清洁能源主导转变。

（2）全球配置的原则。实施全球配置是由全球能源资源与负荷中心逆向分布特征所决定的。清洁能源具有随机性、间歇性特征，具备大规模开发条件的清洁能源一般远离负荷中心，只有在更大范围优化配置才能够解决大规模开发、高比例接入电网所带来的消纳问题，才能够发挥清洁能源的作用。全球能源互联网建设要求立足世界能源资源禀赋，统筹考虑全球政治、经济、社会、环境因素，构建连接能源基地、负荷中心的全球能源配置平台，实现全球能源的高效开发、优化配置和有效利用。具有大容量、远距离输电能力的特高压输电技术发展，为实现跨大洲、大规模、高效率配置奠定了技术基础。通过清洁能源全球配置，还有利于将经济不发达地区的资源优势转化为经济优势，促进区域经济协调发展。

参　考　文　献

［1］刘振亚. 全球能源互联网［M］. 北京：中国电力出版社，2015.
［2］国家电力调度控制中心. 配电网调控人员培训手册［M］. 北京：中国电力出版社. 2016.
［3］国家电力调度控制中心. 电网调控运行实用技术问答（第三版）［M］. 北京：中国电力出版社. 2015.
［4］国家电网公司. 国家电网调度控制管理规程［S］. 北京：中国电力出版社. 2014.
［5］胡刚. 配电网建设实用技术问答［M］. 北京：电子工业出版社. 2012.
［6］王世祯. 电网调度运行技术［M］. 沈阳：东北大学出版社，1997.
［7］夏道止. 普通高等教育“十一五”国家级规划教材 电力系统分析（第二版）［M］. 北京：中国电力出版社，2003.
［8］张保会，尹项根. 普通高等教育“十一五”国家级规划教材 电力系统继电保护（第二版）［M］. 北京：中国电力出版社，2008.
［9］许克明，熊炜. 配电网自动化系统［M］. 重庆：重庆大学出版社，2013.
［10］陈安伟. 县级供电企业配网抢修指挥管理手册［M］. 北京：中国电力出版社，2015.